W0260627

Im Digitalisierungstornado

Gunter Dueck

Im Digitalisierungstornado

Springer Vieweg

Gunter Dueck
Neckargemünd
Deutschland

ISBN 978-3-662-54878-3   ISBN 978-3-662-54879-0   (eBook)
https://doi.org/10.1007/978-3-662-54879-0

Die Deutsche Nationalbibliothek verzeichnet diese Publikation in der Deutschen Nationalbibliografie; detaillierte bibliografische Daten sind im Internet über http://dnb.d-nb.de abrufbar.

Springer Vieweg

Springer Vieweg ist Teil von Springer Nature
Die eingetragene Gesellschaft ist Springer-Verlag GmbH DE
Die Anschrift der Gesellschaft ist: Heidelberger Platz 3, 14197 Berlin, Germany

Inhaltsverzeichnis

Einleitung – Lauter Kolumnen, alle Beta! 1

Seit 1999 schreibe ich alle zwei Monate die sogenannte beta-inside Kolumne im Journal *Informatik-Spektrum*. Diese Publikation ist die Mitgliederzeitschrift der *Gesellschaft für Informatik (GI)*. Sie erscheint im Springer-Verlag und erscheint unter dem „Motto":

> *Alpha! Alpha-Versionen sind Hochglanzprospekte und Außenerklärungen, Imagebroschüren und im Großen und Ganzen prächtiger Schein. Meine Kolumne aber ist gnadenlos Beta! Real! Kritisch! Mit Leidenschaft und Herzblut geschrieben! Es kommen entsprechend viele Ausrufezeichen darin vor!*

Die Kolumnen von 1999 bis 2001 erschienen in einem Sammelband *Die beta-inside Galaxie* im Springer-Verlag. Weitere Jahrgänge, von 2001 bis 2007, finden Sie in dem dicken Buch *Dueck's Panopticon*. Die Kolumnen von 2008 bis 2013 erschienen im dritten Band *Dueck's Jahrmarkt der Futuristik*. Mit diesem Band liegt nun die „vierte Staffel" vor, sie umfasst die Kolumnen von 2013 bis 2017.

Die Kolumnen enthalten alle meine wirkliche Meinung – ich bemühe mich, die Wahrheit wie ein Arzt zu sehen und schlicht die wirkliche Diagnose zu kommunizieren. Ganz nüchtern will ich die Lage erklären. Keine Beschönigungen – keine sinnlosen Hoffnungsübungen. Ich mag es nicht, über technologische Singularitäten zu spekulieren, zu sinnieren, ob Roboter die Welt beherrschen oder wie wir Menschen per IT das Abiturwissen einfach ins Gehirn injiziert bekommen. Wir haben doch genug damit zu tun, die Digitalisierung langsam in unser Leben zu integrieren. Wir stehen mit dem Aufkommen selbstfahrender Autos oder digitaler Medizin vor wirklichen Umbrüchen im Privat- und Arbeitsleben – das predige ich hier im Buch ganz leidenschaftlich und auch ein bisschen frustriert. Es geschieht immer noch so wenig. Ich möchte doch noch erleben, dass Digitalisierung nicht nur in Verbindung mit der Vernichtung einfacher Arbeitsplätze gesehen wird.

Ich bin jetzt 65 Jahre alt geworden, so ist das. Im Jahre 1987 habe ich meine erste E-Mail-Adresse bei IBM bekommen – daheim hatten wir bald danach schon Internet mit einem 14,4-kbit-Anschluss. Erinnern Sie sich? Für mich ist die Digitalisierung schon seit

© Springer-Verlag GmbH Deutschland 2017
G. Dueck, *Im Digitalisierungstornado*,
https://doi.org/10.1007/978-3-662-54879-0_1

30 Jahren da, aber JETZT erst ist das Wort *Digitalisierung* das Wort der Stunde oder des Jahres. Jetzt werden die Folgen gesehen. Jetzt stöhnen die Älteren ängstlich, sie würden vielleicht digital „abgekoppelt" sein, wenn sie nicht bald ein bisschen vom Internet und von den neuen Technologien verstehen würden. Nur noch einmal zur Sicherheit: Ich bin jetzt 65 Jahre alt und war 35, als es mit der Digitalisierung begann. Man hat sich dann als heute immer noch tabletloser Älterer ganz schön viel Zeit zum Verschlafen genommen, oder?

Und warum gehen die Leute dann immer noch mit so viel Angst in die neue Zeit? Warum soll ich immer über das Thema „Fluch oder Segen?" reden? Warum zögern die Unternehmen so sehr?

Diese Themen haben mich in den letzten Jahren umgetrieben. Erste Zeitungsmeldungen konstatieren heute (2017), dass Deutschland vielleicht gerade „aufgewacht" sein könnte. Mag schon sein – die Stimmung kippt. Aus Angst wird langsam Zupacken, weil es nicht mehr anders geht. Braucht man da noch einen Prediger wie mich?

Über diese Frage habe ich auch deshalb nachgedacht, weil ich in zwei Monaten Staatsrentenbezieher sein werde. Es ist jetzt doch wohl Zeit, das Feld Jüngeren zu überlassen? Das tue ich jetzt! Schluss nach 18 Jahren! Platz für Neue(s)! Die letzte Kolumne hier im Band trägt also den Titel „Beta ade … "

Ich nehme also aus der Kolumnensicht Abschied von Ihnen, und nehmen Sie bitte Abschied von der Zukunftsbedenkerei. Los!

Und wenn Sie doch noch ein wenig bei mir bleiben möchten, folgen Sie mir bei Facebook (Gunter Dueck), bei Twitter (@wilddueck), bei YouTube (Channel wilddueck) oder abonnieren Sie meinen Newsletter, den ich auf meiner Homepage anbiete.

Und nun zu den einzelnen Kolumnen.

Ich gebe Ihnen hier vorab kurze Abstracts aller Beiträge, dann können Sie besser auswählen, was Sie zuerst interessiert. In den letzten Bänden hatte ich vorab meine Lieblingskolumne genannt („My Deer" bzw. „OpenEmpowerment"). In diesem Band ist es „Grassierende Schwarmdummheit".

Bigger data, bigger trouble? Die Protagonisten von Big Data versprechen große Erkenntnisgewinne oder sogar Intelligenzvorsprünge durch die Nutzung von Daten, die ja von der Presse zum „Rohöl des 21. Jahrhunderts" geadelt und hochgejubelt wurden. Ich will darstellen, dass man mit Rohöl eine Menge anstellen kann. Daten können ja auch zum Überwachen und zur Arbeitsdruckerzeugung, zur Kriegführung oder zur Manipulation benutzt werden …

Nur Absagen – da soll Fachkräftemangel herrschen? In der neuen digitalen Welt nimmt uns der Computer die einfachen Arbeiten weg. Es bleiben komplizierte Tätigkeiten übrig, die meist zusammen mit anderen Menschen zusammen erbracht werden und Softskills verlangen. Fehler bei komplexen Aufgaben verursachen immer größere Schäden, die man sich eigentlich gar nie leisten bzw. erlauben kann. Die digitale Welt führt zu neuen Berufen, die tendenziell mit IT zu tun haben. Nun suchen die Personaler diese „neuen

Menschen", und die traditionell Gebildeten/Experten (oft ohne gute Softskills) blitzen bei Bewerbungen zigfach ab. Wie hängt das zusammen?

Integration! Das aufkommende Internet der Dinge verlangt neue Infrastrukturen, die die Dinge gut und leicht verbinden. Man denke an das Windows-95-Betriebssystem, bei dem Plug & Play erstmals gut funktionierte. So einen Integrationsstandard für Sensoren und Aktoren sucht die Welt noch. Einigen sich die großen Hersteller in Deutschland? Oder wartet man, bis Google wieder einmal alles kontrolliert?

Die stille Good-Enough-Revolution: Wir wollen eigentlich alles: die beste Qualität zum kleinsten Preis. Die Hersteller aber tricksen (auch deshalb) und kompromittieren die wahre Qualität, um billiger anbieten zu können. Wir tendieren beim Kauf immer mehr zu Standardwaren und dann Handelsmarken („good enough"), die Artenvielfalt sinkt, auch die Liebe der Hersteller zum Detail. „Ikea tut's." Meine Klage über eine Art Todesspirale.

AAD – Attention Avoiding Disorder oder die Durchschnittlichkeitssucht: Vorsicht Satire! Meistens ist in unserem Leben von Leuten mit Aufmerksamkeitsstörung die Rede, die sich nicht auf das Wesentliche konzentrieren können und sich ständig ablenken lassen. Viel verbreiteter ist das Fehlverhalten, ständig so zu tun, als sei man in seiner wichtigen Arbeit versunken – der Chef soll nur nicht auf die Idee kommen, einem noch eine neue Zusatzaufgabe zuzumuten. Dazu sind solche Leute bestrebt, nie aufzufallen und keinesfalls irgendeine Aufmerksamkeit auf sich zu lenken. „Wer macht's?", fragt der Chef und die Blicke richten sich nach unten.

Grassierende Schwarmdummheit: Eine Einführung in die Inhalte des Buches „Schwarmdumm". Man betont zwar immer so gläubig, „das Ganze sei größer als die Summe der Teile", und man träumt allerorten von Schwarmintelligenz – am besten von künstlicher. Diese Kolumne entzaubert das alles! Das Buch trug lange den Arbeitstitel „Entstehung von Dummheit in Meetings" – und immer, wenn ich diesen in Gesprächen nannte, lachten alle und wussten genau, was ich meinte.

Hype & Hybris: Die Hype Curve von Gartner gehört seit zwanzig Jahren zum Standard-Denkwerkzeugkasten in der IT und darüber hinaus. Neues entsteht, zieht große Aufmerksamkeit auf sich, enttäuscht zuerst und kommt dann doch. Vom ersten tragbaren Computer („Newton") bis zum Wunderwerkzeug („iPad") ist es ein langer Weg. An diesem Weg stehen die Bedenkenträger, Warner und Antagonisten und halten das entstehende Neue für „verrückt". Die angestammten Unternehmen sehen voller Hochmut auf das unfertige Neue herab. Ich will zeigen, dass genau dieser Hochmut zum gewohnheitsmäßigen Verschlafen neuer Entwicklungen führt.

Generation Why: Die jungen Leute nutzen das Smartphone als Schlüssel der Welt. Sie haben Zugang zu allem Wissen und anderen Unternehmen und Kulturen. Da fragen sie

„why?", wenn die Älteren stets genau und fest zu wissen glauben, wie „man es macht" oder „wie man es hier sieht". Andere Sichten und Erfahrungen gab es früher für die Jungen nicht. Man orientierte sich an der Erfahrenen. Heute haben die Jungen das Netz. Da verlieren die Erfahrenen ihre angestammte Autorität. Na und? Darüber sollten sie nicht gram werden, sondern sich bitte auch per Smartphone den Vorsprung erhalten! Ein bisschen zum Verstehen eines neuartigen Generationenkonfliktes.

Krieg oder Frieden um die Standards: Die digitalisierte Welt braucht viele neue Standards, überall! So wie bei Geldautomaten und Tankstellen, beim Ausstellen von Rezepten oder Flugtickets. Das Problem ist, dass „einer allein" fast nie die Durchsetzungskraft hat, dass aber die Verbände oft nur Interessenvertretungen sind, keine Dachunternehmen. Wer also soll neue Standards etablieren? Eine einzelne Bank? Kann sie nicht. Der Dachverband? Ist der dazu legitimiert? Die Gemeinschaft? Ach, die kann sich nicht einigen, denn die Unternehmen sehen sich ja eher als Wettbewerber oder gar Feinde.

Scheinzwerge wie sich Probleme beim Anpacken vergrößern: Schweinzwerge sind das „Gegenteil" von Scheinriesen. Der Herr Tur Tur erscheint im Buch von Michael Ende Jim Knopf und Lukas dem Lokomotivführer aus der Ferne hochbedrohlich, stellt sich aber bei der Annäherung als Mensch wie jeder andere heraus – der eben nur von Weitem immer größer erscheint, nicht kleiner. Scheinzwerge erscheinen aber von Ferne klein und werden rasch sehr viel größer, wenn man sich ihnen nähert. Der Berliner Flughafen („kein Problem, Flughäfen können wir") ist so ein Scheinzwerg. Die Probleme werden immer größer, wenn man sich nähert. Deshalb schweben Politiker oder Top-Manager lieber in höheren Sphären und nehmen die Schwere der Probleme besser nicht so genau wahr.

Das Netz-Panopticon: Die Psychologie versucht dem Menschen seit jeher verzweifelt beizubringen, dass alles aus verschiedenen Perspektiven gesehen werden kann und dabei oft sehr verschieden wirkt. Insbesondere haben Menschen ein eigenes Bild von sich selbst, aber die Anderen sehen uns von außen mit anderen Augen. Selbstbild und Fremdbild sollten nicht sehr verschieden sein, sagt die reine Lehre. Nun aber gibt es noch ein weiteres Bild, nämlich den Eindruck, den ein Netz-Surfer von einer Person bekommt. Ich möchte vom Netzbild sprechen. Es gibt inzwischen fast Wissenschaften, wie man sich in der Öffentlichkeit trefflich präsentiert. Jeder kann auch gegen Geld steuern, was Leute über ihn leicht im Netz finden. Ich rate zu einigermaßen vernünftiger Netzbildpflege. Die Dienstleister wollen natürlich darüber hinaus „Social Branding" oder „Reputation Management" verkaufen.

Fehlerkultur à la „Systemic Overload": Zu den größten Sünden des heutigen Managements ist das Erzeugen von Arbeitsdruck auf Mitarbeiter. Schimpfen und Drohen gehört zum Handwerk, die allseits herbeigesehnte Wertschätzung von Mitarbeitern gehört explizit nicht zu diesem Ansatz. Unter Druck suchen Menschen nach Entschuldigungen und nach Schuld bei anderen. In diesem Klima der Angst vor noch mehr Druck kann keine gute Fehlerkultur gedeihen. Der Ruf nach ihr ist nur ein Blick auf ein Symptom.

b00n und 1337: b00n ist die Rückwärtsschreibweise von Noob mit zwei absichtlichen Nullen statt der beiden o. Ein Noob ist ein Änfänger, der über das Neue mault, ohne sich anzustrengen, das Neue kennenzulernen und mit ihm dann umgehen zu können. „Warum schimpft ihr, ich habe eben jetzt vergessen, was Trumpf ist" treibt Kartenmitspieler zu Weißglut über diesen Noob. Die Meister erwarten ganz selbstverständlich Sehnsucht nach Meisterschaft in jedem Menschen. Meister sind 1337 – Internet-Slang.

Bimodal soll alles sein – neuerdings mal wieder: Immer wieder wird geklagt, dass das Tagesgeschäft so intensiv betrieben wird, dass es alles andere „auffrisst". Insbesondere werden notwendige Innovationen immer wieder nur nebenbei oder zweitrangig betrieben – keine Zeit. Soll man Innovation „kaufen" oder ausgründen? Die bimodale Idee ist bestrebt, zwei Arbeitskulturen getrennt, aber doch Hand in Hand arbeiten zu lassen. Die Gartner Group propagiert mit dem „bimodalen Management" wieder eine neue Idee – es besteht aber die Sorge, dass auch diese Idee ein Fraß des Quartalsdrucks wird.

Dem gescheiten Willen hinterher in die Zukunft: Immer wieder diskutieren alle, wie sie die Zukunft organisieren können. Was aber fehlt, ist der Wille zur Zukunft. Wille, Wille und wohl auch die Sehnsucht fehlt. All die Incentives, die Aktienoptionen, der Druck der Zahlen und die drakonischen Prozesse versuchen, Willen herbeizuorganisieren oder hervorzumotivieren. In diesen Denkmodellen findet aber keine Zukunft statt. Raus aus Methodenbunkern!

Über Stream Smarts und Backbrains: Vielleicht lässt sich die Kultur zur Zukunftsfähigkeit wandeln, wenn man frei agierende Super-Experten und eine Art Betriebsintellektuelle im Unternehmen zulässt und wertschätzt. Die hochverehrten IBM Fellows hatten früher eine solche Funktion – sie konnten frei agieren und mussten nicht begründen, wie sehr sie zum Tagesgeschäft beitrugen. Innovation und Zukunft kulminieren in Persönlichkeiten, nicht in Methoden. Warum werden immer nur „Leader" erträumt? Warum nicht Pioniere oder charismatische Ideengeber, denen man folgt?

Flachsinn im Attracticon: Dieser Artikel führt in einige Grundgedanken des Buches „Flachsinn – Ich habe Hirn, ich will hier raus" ein. Es geht um die Grundzüge einer neuen Aufmerksamkeitsökonomie. Wer die Aufmerksamkeit hat („eine Attraktion ist"), kann sie zu Geld und Erfolg ummünzen, ja sogar Präsidentschaftswahlen gewinnen oder Aktienkurse beeinflussen! Leider gewinnt in dieser ökonomisierten Aufmerksamkeitswelt zunehmend das Schrille, Provozierende und Laute – das Wichtige und Ernsthafte steht staunend dabei und wundert sich, dass es in der Ecke steht.

Core Competence Shift Happens: Die Kernkompetenzen der Unternehmen wandeln sich in zweierlei Hinsicht. Änderungen in den Geschäftsmodellen verlangen ganz andere Kompetenzen (horizontal gesehen: neue Kenntnisse in einem anderen Fach, oft mehr in IT), und sie verlangen höhere Kompetenzen im Sinne einer reiferen Persönlichkeit (vertikal nach oben). Das wird oft kaum gesehen und dann irgendwie verleugnet – der Wandel in den Kompetenzen stößt auf größten Widerstand, in Unternehmen wie in Einzelpersonen. Raus aus dieser „Komfortzone"!

Beta ade … : Der Abgesang und Abschied – der letzte Beta-Artikel nach achtzehn Jahren und Schluss. Es könnte eine gute Idee sein, den Schluss zuerst zu lesen, nur diesmal. Ich verlasse Sie nicht ganz, aber ich sollte jetzt besser außerhalb der IT missionieren gehen.

Die ständig verbesserte Technik erlaubt es, immer größere Datenmengen in Blitzgeschwindigkeit zu analysieren und daraus einen erheblichen Wettbewerbsvorteil zu erzielen, besonders, weil das die jeweils anderen Unternehmen nicht richtig gut können. Das ist die Hoffnung oder das große Versprechen. Leider sehen wir die Daten dann doch mit unseren eigenen Augen an. Das möchte ich hier erklären.

God Mode – Wissen

Ich schenke Ihnen einfach einmal alle Daten über Sie, die Sie möchten. Sie können sich jetzt vollkommen klar und transparent sehen, wie Gott Sie alle Tage sehen kann. Er kennt Ihre Cholesterinwerte, Ihre Sünden, Ihre Arbeitsleistung („Realität") und den Inhalt Ihrer Tagträume („Vision"). Nun können Sie anhand der Daten die Realität mit der gewünschten Zukunft vergleichen, eine eventuell vorhandene „gap" vorfinden und das dann fachgerecht und zügig „closen". Dazu setzen Sie „actions" auf, entwickeln eine „roadmap" und „tracken" die „milestones" für die „successes". Die Daten ermöglichen das heutzutage!

Sie merken schon ein bisschen, dass Ihnen dieses Vorgehen für Ihre Person nicht so arg gut gefällt, denn Sie haben möglicherweise schon eine ganze Menge in Ihrem Leben zu berichtigen, für die gar keine sehr genauen Daten benötigt werden. Baustellen gibt es auch ohne Daten genug. Meist fehlt uns die herzhafte Willenskraft, die Erkenntnisse in Taten münden zu lassen.

Deshalb, weil uns Normalen die nötige Willenslust abgeht, gibt es Chefs, Eltern und Manager. Sie setzen Erkenntnisse rigoros um. Sie sind aber nicht vorrangig dazu da, die Erkenntnisse selbst zu machen – dafür gibt es Experten. Nur diese Fachleute ziehen aus Daten Erkenntnisse. Das Management setzt alles um. „Management is all about keeping

© Springer-Verlag GmbH Deutschland 2017

G. Dueck, *Im Digitalisierungstornado*,

https://doi.org/10.1007/978-3-662-54879-0_2

things done." Dazu müssen aber die Erkenntnisse erst von den Experten zu den Managern gelangen, die gerade etwas anderes umsetzen.

Damit also etwas umgesetzt werden kann, muss es dringend oder gigantisch erfolgversprechend sein, sodass sich die Manager von der gegenwärtigen Umsetzung abwenden und sich nun dieser neu gewünschten Umsetzung widmen. Dazu müssen sie oft erst bedroht werden, was Experten ablehnen – sie überzeugen doch in der Sache, nicht mit Streichung der Boni!

Erkenntnisse sind also schön und gut, aber es müssen auf ihrer Basis Aktionen gefunden werden, die leicht umzusetzen sind und entsprechend fruchten oder deren Unterlassung zu einem Untergang des Unternehmens oder einem Karriereknick beitragen würde.

Wissen ist nicht Tat! Wie gesagt: Gott weiß alles. Wir wundern uns aber manchmal, dass unsere Welt nicht vollkommen ist. Wahrscheinlich verarztet er gerade andere Welten. Wir leben ja in der besten aller möglichen Welten, da wird er überall sonst gebraucht.

Emperor Mode – Power

Dem Herrscher geht es um die Ausdehnung der Macht, und er ist ungeduldig. Wenn seine Macht nicht stetig stärker wird, merkt er das und handelt schnell und entschlossen. Um die Feinheiten kümmern sich andere. Er selbst fordert:

- Alles einfach, nicht kompliziert!
- Alles sofort! In diesem Quartal!
- Erobert erst wehrlose Länder („Low hanging fruit" oder auf Deutsch: hohe Grenzerträge bei minimalen Grenzkosten)! Schwieriges später oder nie!
- Wehe, jemand arbeitet nicht durch!
- Immer kämpfen – niemals aufgeben!
- Das Ziel ist die Alleinherrschaft!

Ich wette, Sie kennen eher Herrscher als Allwissende in Ihrer Umgebung. Die Wissenden fordern Nachhaltigkeit und Geduld, sorgsames Säen und Achtsamkeit. Sie freuen sich über neue Erkenntnisse und lieben den Erfolg, den diese ermöglichen. Aber die Ungeduldigen?

Wer ungeduldig ist, schaut auf das Nächstliegende und setzt dort sofort den Hebel an. Der Weise sagt: Wer nur das Nächstliegende im Tunnelblick sieht, handelt dann wohl töricht. Der Herrscher aber lacht über den Weisen und handelt „effektiv", wie er sagt. „Erst draufhauen, dann schauen."

Genauso geht der Herrscher in jedes Meeting (in den Thronsaal). Seine Untertanen präsentieren gute Ergebnisse – oder es kommt zum „Draufhauen und beim nächsten Meeting schauen". Der Herrscher kommt immer unvorbereitet ins Meeting, nur bei gefährlichen Sitzungen mit möglicherweise echten Gegnern (zum Beispiel Kunden) lässt er sich „briefen", also kurz über die Stärken und besonders die Schwächen der Gegenseite aufklären.

Was bedeutet Big Data für den Ungeduldigen an der Spitze, besonders wenn er ärgerlich ist, dass nicht alles glatt läuft?

Stress Mode – Tunnelblick auf das offensichtliche Symptom

Ich habe zwei Lieblings-PowerPoint-Folien, mit denen ich dieses Problem an die Wand werfen kann. Schauen Sie auf die erste Abb. 2.1:

Es geht dabei um ein wenig leistendes Schulkind. Die Eltern sind nervös, ärgerlich und ungeduldig – sie leiden also an sich an einem größeren Syndrom schlechter Eigenschaften, das man politisch korrekt mit „Ich habe Stress" entschuldigt, wenn man ein Untertan ist. Sonst ist „Ich habe Stress" eher eine Anklage an die Umgebung. Wenn Eltern in ein schlechtes Zeugnis schauen müssen, sehen sie das Problem oder das Symptom sofort im Kind. Das Kind ist schuld.

Wenn die Eltern ein Big Data Warehouse hätten und sehen würden, was Gott sieht, könnten sie auch darunter leiden, dass nun ihre fast kaputte Ehe auf das Kind durchschlägt, dass das Kind mit den Lehrern nicht klarkommt etc. etc. Schlechte Leistungen können viele Gründe haben. Die wird das Kind eher kennen. Es weiß, wenn es Probleme mit Lehrern oder Klassenfeinden hat. Es leidet unter den Eltern und muss doch stillschweigen. Eltern unter Stress aber schauen erst einmal auf das Kind.

Sie wissen „aus Erfahrung" (im Tunnelblick also), dass es die folgenden Möglichkeiten gibt: Das Kind ist dumm, faul, krank, verrückt oder böse. Mehr Möglichkeiten gibt es für ungeduldige Eltern nicht, das ist klar (ach, Big Data!). Und da es viele gestresste Eltern gibt, hält die Gesellschaft für diese wichtigen fünf Fälle schon fix und fertige Lösungen vor, also Medikamente wie Ritalin, Therapien, psychologische Behandlung und Stigmatisierung, Nachhilfestunden, Strafen oder Belohnungen.

Andere Sichten, wie zum Beispiel „dies Kind ist von schlechten Eltern", werden erst in extremen Fällen betrachtet, die dann aber schon weit über Kleinkriminalität oder lebensgefährdende Magersucht des Kindes hinausgehen müssen.

Huh, ich habe das absichtlich wie ein Stechen mit dem Spieß mit einem Herumdrehen in der Wunde formuliert, damit Sie die zweite PowerPoint-Folie gebührend ernst nehmen können: Abb. 2.2.

Es gibt Hunderte von Gründen, warum die Kunden nicht kaufen – heute ist allgemein akzeptiert, dass die wenigsten Unternehmen den Kunden in den Mittelpunkt stellen. Man merkt es ja vor allem daran, was Unternehmen von sich bloß eifrig behaupten. Heute wird von Firmen gebetsmühlenartig betont, der Kunde sei wichtig und die Innovation ganz besonders! Es heißt überdies, man bekomme nicht genügend Fachkräfte („wir sind überfordert") und liefere „alles nach Maß" („wir haben keine fertigen Lösungen, wir erfinden immer neu gegen Aufpreis"). Alle diese Gründe wären in einem Big Data Warehouse zuverlässig zu finden. Aber der ungeduldige Herrscher – pardon, das gestresste Management – schaut auf die Verkaufszahlen, für die der Vertrieb zuständig ist. Einzig und allein der Vertrieb, so wie das Kind allein für die Noten verantwortlich ist.

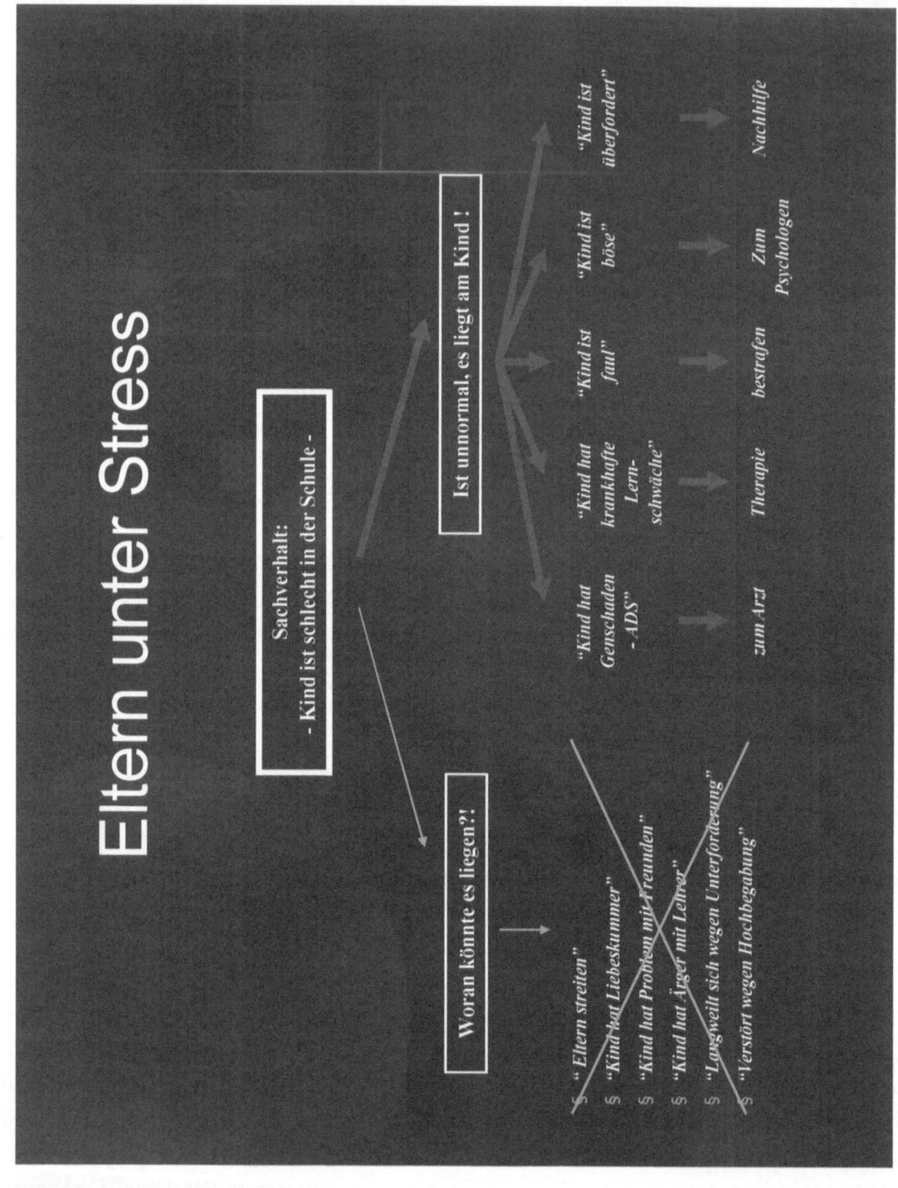

Abb. 2.1 Eltern unter Stress

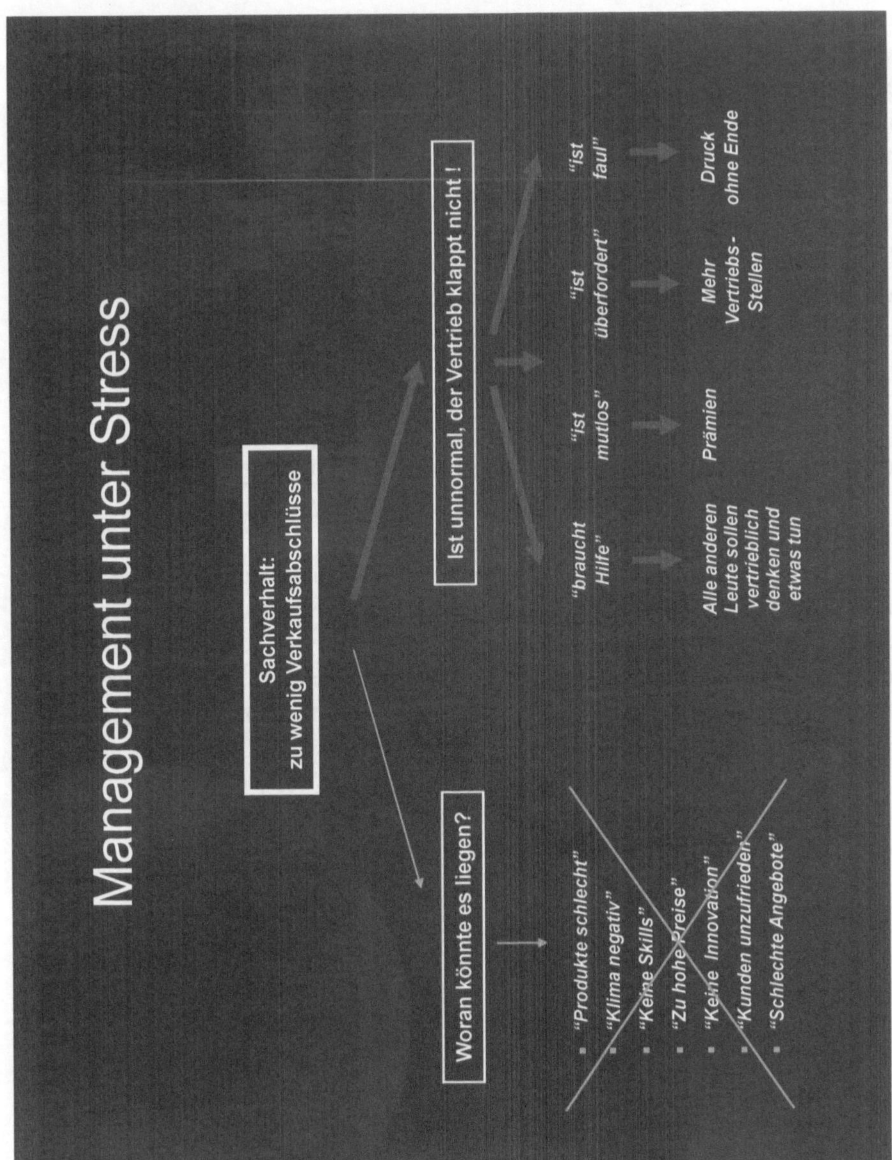

Abb. 2.2 Management unter Stress

Der Vertrieb ist nach simpler Logik wieder faul, mutlos, überfordert oder zahlenmäßig zu klein. Was tun? Bestrafen, belohnen, andere Mitarbeiter in die Verantwortung nehmen („keiner zu klein, Verkäufer zu sein") oder Leute einstellen (die es mit der Fähigkeit, die eigenen Produkte zu verkaufen, partout nicht einzustellen gibt). Jetzt erfindet das Management neue Incentives, führt eindringliche Gespräche mit dem Vertrieb, fordert allgemeine Begeisterung für das Verkaufen der eigenen Produkte und den sofortigen Stopp aller Kritik an den eigenen Produkten. „Wir sind jetzt gut aufgestellt!", heißt es, so wie ein Kind sagt: „Ich habe keine Angst, das musst du mir glauben."

Das alles trotz Big Data! Und ich muss noch eine schreckliche Feinheit nachschieben: Die Eltern sind in der Regel vernünftiger als die Manager. Eltern ENTSCHEIDEN sich wenigstens, ob das Kind faul, böse, verrückt, krank, unfähig ist oder von ihnen etwas geerbt haben könnte. Das tun Manager nicht. Sie hauen den Vertrieb wegen Faulheit, bestechen ihn durch höhere Boni, stellen neue Leute ein – kurz, sie versuchen alle Medikamente gleichzeitig, damit es besser hilft. Wenn man alle Arzneien gegen alle Krankheiten gleichzeitig gibt, braucht man keine Diagnose, auch keine Big Data Warehouses.

Immediate Action Mode – das Quartal hat noch 18 Tage

Für den Druck auf Kinder oder Verkäufer braucht man nicht viele Daten – nur die Noten und die Umsätze. Oder doch? „Wir müssen tiefer in die Daten schauen." – „Deep dive."

Die gestressten Eltern schauen berechtigt verärgert ins Zeugnis. Da steht eine Fünf in Englisch, dazu eine Vorwarnung zur gefährdeten Versetzung. Das gestresste Management schaut in die Zahlen. Manche Produkte sind zu seinem Schreck sehr viel weniger verkauft als es der Plan vorsah. Verluste drohen. In manchen Regionen sind die Umsätze nicht zufriedenstellend gestiegen. „Call for immediate action!"

- Die Vertriebsmanager der schlecht performenden Bereiche müssen „berichten".
- Der Vertrieb muss sofort die Produkte verkaufen, die sich nicht verkaufen ließen.

Es geht nicht, dass man nur in den Lieblingsfächern in der Schule gut ist. Es ist die verdammte Pflicht des Kindes, die Prüfungen überall zu bestehen. Die Verkäufer dürfen nicht nur einheimsen, was sich von selbst verkauft wie warme Semmeln – wozu sind sie denn da? Sie müssen auch die Ladenhüter wegschaffen – das erst ist die hohe Kunst! Die Ungeduld oder der Stress entladen sich als Wut. Was kann noch schnell helfen? Das Management fordert, alle Kunden zu besuchen, um denen ganz schnell die zu wenig verkauften Produkte anzudienen. „Das tun wir nicht!", schreien die Verkäufer voller Pein. „Wir versauen unsere wertvollen Minuten beim Kunden nicht mit Erbarmensgebeten!" – Das Management zwingt sie dazu. Es muss sein. Sofort.

Der Kunde wundert sich über die seltsamen Verkaufsversuche sinnloser Produkte und schweigt. Er fühlt sich wieder einmal nicht verstanden, er schüttelt innerlich mit dem Kopf. Er wird künftig nicht mehr so einfach in Besuchstermine einwilligen. Er will nicht alles bei ihm abladen lassen. Er ist doch ein guter Kunde – „Warum machen die das?" Er weiß es natürlich, aber es ärgert ihn. Das Quartalsziel steht im Mittelpunkt, und nicht er selbst als Kunde. Trotzdem ist er traurig, dass er so wenig zählt und ihm so viel Zeit gestohlen wird.

Da zuckt er zusammen. Vor ihm auf dem Bildschirm meldet sich jetzt sein eigenes Big Data Warehouse. Sein Zielerfüllungsgrad ist nicht da, wo er sein sollte. Er soll, so sagt das Data Warehouse, nun seine eigenen Kunden bestürmen, damit die Daten eine satt grüne Farbe bekommen. Gerade war er noch als Kunde betrübt, jetzt wird er seine eigenen Kunden betrüben und ihnen die Zeit stehlen. Er darf leider nichts unversucht lassen, das würde das Big Data Warehouse merken. Er würde viel mehr verkaufen, wenn er seine Kunden nicht belästigen würde, aber Big Data befiehlt, ihnen lästig zu werden, damit die Zahlen stimmen. Big Data will, dass Kunden nachhaltig drangsaliert werden.

Burn-out Mode – der Auslastungswahn

Die Berater nennen es „Utilization". Sie beziehen den Ausdruck der Maschinenauslastung auch auf sich als Menschen. Maschinen bringen mehr Gewinn, wenn sie voll ausgelastet sind. Das glaubt man bei Menschen auch. Maschinen müssen ab und zu tanken oder Strom ziehen. Das wird bei Menschen oft vergessen – auch dass sie ein Privatleben haben.

Es ist klar, dass es irgendwo ein Optimum für die Auslastung von Menschen gibt, sodass Arbeit und Leben in einem guten Verhältnis stehen und dass im Idealfall sogar die Verträge eingehalten werden. Es ist auch klar, dass es nicht nur um Arbeitszeit und Körperausdauer an sich geht, sondern um die dabei verbrauchte seelische Energie. Manche Arbeiten machen „Spaß", sie ERZEUGEN seelische Energie. Andere (etwas verkaufen, was der Kunde nicht will oder unfruchtbare Meetings) KOSTEN unverhältnismäßig viel seelische Energie und führen daher zu Frustrationen.

Ich habe an dieser Stelle schon viele Kolumnen diesem Thema gewidmet. Haben Sie schon einmal den Verbrauch seelischer Energie oder den Grad der Kundenbelästigung irgendwo in einem Data Warehouse gesehen?

Die Eltern des Schulkindes erklären ihm, dass Englisch „Spaß macht" und „die Karriere fördert". Das gestresste Management fordert unisono von allen Mitarbeitern, „authentische und spontane Begeisterung zu demonstrieren". Das lässt sich eventuell vortäuschen, aber es kostet weitere seelische Energie. Das nimmt dass Management anscheinend nicht wahr. Auch gespielter Spaß scheint ihm Spaß. Beim Mitarbeiter jedenfalls und beim Ehepartner vielleicht auch?

Erinnern Sie sich an die Kolumnen „Schlangenbeschwörer" und „Korrelatalschaden", in denen ich mathematisch nachwies, dass die Ignoranz von Warteschlangennaturgesetzen und das Verwechseln von Korrelation mit Kausalzusammenhang in die Nähe von Blindheit bis Dummheit führen? Man überlastet bis zur Katastrophe, ohne sich um ein Optimum zu kümmern. Man liest Studien wie „Begeisterung bei der Arbeit heben die Leistung an" und fordern kausal verstandene Dauerbegeisterung von den Mitarbeitern …

Topimization Mode – Die Lüge als Selbstzweck

Optimierung ist der Vorgang, unter allen gegebenen Nebenbedingungen und Kriterien die beste Lösung zu finden. Topimierung ist die Kunst, die Nebenbedingungen und Kriterien so zu erfinden, dass der Status Quo das mathematisch klare Optimum des erfundenen Problems ist. „Unter den gegebenen Zuständen haben wir hervorragende Arbeit geleistet. Lassen Sie sich von den nackten Daten nicht täuschen. Es gibt tiefere Effekte und Einsichten, die sich in den Daten nicht widerspiegeln. Aus einer höheren Perspektive und unserer tief sinnvollen Nachhaltigkeitsanalyse sehen wir, dass das Gegenteil dessen zutrifft, was … "

Das Schönreden gibt es schon lange. Mit Big Data kommt bestimmt auch das Schönanalysieren. Bald haben wir so viele Daten und Trends, dass wir die Einsichten schon hinbiegen können. Gewinn ist Profit, und Verlust ist „extraordinary non-recurring one time charge". Wenn sich sogar alle Parteien stets als Sieger fühlen können, wo sie doch nur ein paar Wahlausgangdaten haben – um wie viel starker können sich Unternehmen mit großen Datenbanken belügen?

Big Data als Hirnfortsatz

Ich könnte noch lange fortfahren, immer weiter über die ungeduldige Ausübung der Macht zu philosophieren. Machtausübung im Management ist vor allem eines nicht: systemisches Denken, um zu Erkenntnissen zu gelangen. Macht liebt es brutal einfach, nicht „simple stupid" wie „genial einfach". Einfache „Wenn–Dann-Logik" bitte! In dieser Einfachheit wird das Hirn benutzt.

> ▶ *Big Data erweitert das Hirn, aber nicht die Art der Benutzung.*

Schauen Sie sich um. Was möchten wir? Freude bei der Arbeit, Innovation, Gleichstellung aller Menschen, attraktive Arbeitsplätze, eine gute Bezahlung, humanes Management, herausfordernde Ziele, gute Karrieremöglichkeiten, Work-Life-Balance, Corporate Social Responsibility usw. usw. Schauen wir in das Data Warehouse und analysieren wird die Daten: Es kommt heraus, dass alle diese Wünsche, die wir an unser Unternehmen haben, POSITIV mit dem Unternehmensgewinn korreliert sind. Natürlich beweist das keinen Kausalzusammenhang – nein, natürlich nicht!

Aber warum werden alle möglichen positiven Korrelationen als Grund zum Handeln herangezogen, diese aber nur verbal topimierend?

Wie ich schon sagte: Wir benutzen die Daten im Computer so wie die im Gehirn. Ganz genauso so. Es sind eben immer mehr davon oder bald „big mehr". Und deshalb titelte ich „Bigger Data – Bigger Trouble".

Big Data rettet die Welt

Ich will diese Kolumne nicht so untröstlich beenden. Ich erinnere Sie einmal an die Grundthese meines ersten Buches *Wild Duck*. Die besagt: Irgendwann werden die Computer so intelligent, dass sie ausrechnen können, wie die Menschen den maximalen Profit für die Kapitalisten bringen werden. Computer werden berechnen, dass der Mensch dann am profitabelsten ist, wenn er leise singend-summend zeitvergessen und hingebungsvoll arbeitet.

Die Computer werden also ausrechnen, was jeder normale Mensch schon weiß. Nur Manager denken, dass Menschen nicht genug leisten, wenn sie bei der Arbeit vergnügt summen. Arbeit ist nämlich Pflicht und Schuften! Blut und Schweiß! Oder eben Faulenzerei.

Wäre also die Welt in einem profitmaximalen Zustand, dann sängen und summten die Menschen allesamt zeitvergessen vergnügt bei der Arbeit und schafften leicht und vergnügt alles weg. Wenn aber in diesem profitmaximalen Zustand der Welt ein Manager erschiene, würde er dieses Gleichgewicht zerstören, indem er Mehrarbeit verordnete. Das aber muss verhindert werden können!

Die Computer der Zukunft, bestimmt große Mainframes von IBM, werden aber die Welt bald zwingen, im profitmaximalen Zustand zu verharren, indem sie den einzigen Feind des Profites auf Erden in Schach halten: den Manager. In diesem Sinne wird der Mainframe die Macht des Managements brechen und die Menschheit im Zustande des Glücks nun auf immer festhalten. Der Mainframe wird nicht wie alle die Religionsstifter das Glück nur fordern, er wird uns für alle Zeit in der Nähe des Glücks festzurren. Denn er übt keine Macht aus, er hält uns nur im Optimum, das er errechnet hat.

Wie klingt das? Das wusste ich schon vor 15 Jahren! Und wir kommen immer näher!

Im Ernst: Die wirklichen Gewinne durch Big Data könnte es geben – aber auf einer höheren Ebene, auf die wir uns noch begeben müssten.

Nur Absagen – da soll Fachkräftemangel herrschen?

Es fehlen Ingenieure, überhaupt Naturwissenschaftler, Informatiker und Mathematiker. Unser Land wird Schaden nehmen, weil wir die wirklich zentralen Stellen der Zukunft nicht mehr besetzen können, sodass wir nicht im möglichen Umfange Schlüsselindustrien mit Fachkräften versorgen können. Das sagen Studien! Und auf der anderen Seite stehen die Bewerber, die nach hundert Absagen ganz ratlos sind. Wozu haben sie ein solches Fach denn Jahre lang studiert? Und die dritte Partei, die der Einstellenden, schlägt die Hände über dem Kopf zusammen, wenn sie nur ungenügende Bewerber in großer Zahl zur Auswahl haben.

Hundertmal beworben – hundert Male nichts

Gibt es nun einen Ingenieursmangel? Ich weiß es selber ja auch nicht! Aber ich sehe doch, wie sich Entwicklungen rund um 3-D-Drucken, selbstfahrende Autos, synthetische Biologie, Big Data, Industrie 4.0 oder menschenähnliche Roboter (die man gerade erfindet, um z. B. in Fukushima in der Strahlenzone zu arbeiten) eine neue Welle von neuen Industrien bildet.

Das Internet durchdringt bald auch das mehr Reale, und die USA werden ihre führende Rolle bei Software, Infrastrukturen und Apps bald an Deutschland abgeben, wenn es stärker darauf ankommt, die Informatik mit dem Ingenieurswesen zu verweben – in echten Maschinen. Die Informatiker werden sich dann zu halben Ingenieuren upgraden müssen – ich meine, die Informatiker müssen viel mehr Fähigkeiten in der „Zielwissenschaft" erwerben. Das reine „Codieren" kann man in Übersee auch. Das sage ich Ihnen schon lange, ich habe damals einen Rüffel einer großen Firma bekommen, weil ich hier für Sie über Billigenz (= billige Intelligenz) spekulierte (nachlesen im Sammelband *Panopticon*!).

© Springer-Verlag GmbH Deutschland 2017
G. Dueck, *Im Digitalisierungstornado*,
https://doi.org/10.1007/978-3-662-54879-0_3

Ich bin immer sehr misstrauisch, wenn Menschen mit Misserfolgen zu sehr über die Welt schimpfen. „Hundert Absagen, obwohl ich eine 2,1 im Master habe! Damit habe ich ein Recht auf eine Dauerstelle!" – „Ich bewerbe mich bei Ihnen, weil mich mein jetziger Arbeitgeber mehrmals bei Beförderungen übergangen hat. Sie werden fragen warum, das ist ganz klar – meine Nase gefällt denen nicht. Da muss ich mich jetzt woandershin orientieren. Deshalb bin ich hier." – „BWLer, diese Heißluftpumpen, nehmen uns Informatikern die Stellen weg." – „Mathematiker werden bevorzugt, die nehmen uns BWLern die Stelle weg, weil die etwas Schweres studiert haben." – „Ich habe zur Sicherheit den Personaler am Messestand gefragt, welche Softskills er von mir erwartet, wenn ich mich bewerbe. Ich habe sonst keine Ahnung, was die von mir wollen. Nach seiner Antwort schwimme ich immer noch." – „Es gibt wahrscheinlich irre viele Studenten mit 1,0 – da würfeln sie sich unter solchen Bewerbern einen aus oder nehmen den mit den höchsten Softskills." – „Studenten sind leider vollkommen austauschbar, sie haben ja alle das Gleiche gelernt. Da ist eine Einstellung totale Glückssache." – „Ingenieure kommen öfter auch mal ins höhere Management, BWLer aber nie in die Entwicklung, die wollen mich da nicht." – „Ich verstehe bei den Unternehmensbewerbungsbögen die blöde Frage nicht, warum ich mich ausgerechnet bei denen bewerbe. Was soll ich da schreiben? Ich brauche Geld! Soll ich mir bei hundert Bewerbungen immer etwas Besonderes ausdenken und reinschreiben? Was denken die sich? Ich kenne die Unternehmen doch gar nicht, ich schaue nur, ob sie Leute wie mich brauchen und dann schicke ich eine Bewerbung. Ich habe noch vierundvierzig fertig in der Küche liegen, es fehlt nur die Adresse."

Alle diese „Theorien" habe ich nach kurzem Surfen im Internet gefunden. Richtig schön fand ich diesen Befund, ich zitiere wörtlich: „Ich habe eine 2 beim Abschluss vor dem Koma." – Wieder zum Thema: man kann sehr tief in die Seele von Menschen sehen, wenn sie voller Entrüstung ihre Enttäuschungen rationalisieren. Das kommt nicht nur bei Bewerbern vor – es ist überall: „Ich hatte die Innovation kurz vor dem Durchbruch – da haben sie mir den Geldhahn zugedreht, aus Bosheit, weil ich etwas Kritisches gesagt habe. Ich bin eben ehrlich." – „Ich habe gefragt, warum ich nicht Executive werde. Keine Antwort. Dann erbarmte sich dann doch einer und sagte: ‚Keine der Hauptverwaltungssekretärinnen mag Sie.' Na, so ein Witz, als ob es darauf ankäme. Es war natürlich ein Witz, was sonst." – „Sie mobben mich nur deshalb und schon mal sowieso, weil ich eine Frau bin. Sie mögen mein Selbstbewusstsein nicht. Übrigens auch die anderen Frauen nicht, die beneiden mich, die Männer aber fürchten mich." – „Wenn ich sehe, wen ich über mir habe, bekomme ich das Kotzen. Klar, dass sie mich nicht unter sich haben wollen. Ich mache ihnen Konkurrenz. Ach was, ich würde sie links liegen lassen." – „Schauen Sie hier, ich habe einen dicken Stapel ausgedruckt, damit es Ihnen die Augen öffnet. Ich habe nach jedem Kundenkontakt jeden Mitstreiter und jeden Kundenvertreter angemailt, er möchte mir bitte etwas Positives schreiben, damit ich bei meinem Chef bestehen kann. Die haben sehr oft geantwortet. Hier, sehen Sie: gut, fein gemacht, sehr überzeugend, Mühe gegeben, sehr oft Danke! Na, jetzt müssen Sie mich doch endlich befördern, oder?" – „Sie haben mich neulich überprüfen wollen, ob ich Manager werden kann. Ich bin bekanntlich der beste Java-Programmierer der Welt, das steht auch in meinen Unterlagen. Das müssen sie gelesen haben, aber dann haben sie mich befragt, welche Softskills ich habe. Es waren ganz seltsame, unklare Fragen, die zunehmend herablassend und aggressiv wirkten. Ich unterbrach das Interview und forderte sie auf, mich über Java zu befragen, da würden sie doch sehen, dass ich der Beste bin. Sie meinten aber, dass sie mich ja wegen einer Managerstelle befragen würden und folglich nur meine Softskills und meine Führungseigenschaften ansprächen. Lächerlich, oder? Ich und schlechte Führung? Was soll das? Ich wusste sofort, was das Problem war: Keiner von ihnen hatte eine Ahnung von Java und deshalb redeten sie über alles Mögliche, nur nicht über Java. Ich fragte sie, ob sie Java könnten. Nein, konnten sie nicht. Ich hatte sie also durchschaut. Das merkten sie fast augenblicklich und nahmen mir die Entlarvung übel. Ende des Gesprächs, sie warfen mich einfach raus. Ich will jetzt nicht mehr befördert werden. Ich will keine Führungskraft in dieser Firma sein, ich will nicht zu denen gehören."

Die Studenten und frischen Bachelors und Masters ziehen auch bei lange anhaltender Erfolglosigkeit gar nicht in Betracht, dass sie auf andere möglicherweise nicht annehmbar wirken – und die älteren Klagenden haben das zwar als Möglichkeit im Hinterkopf, können aber die Gründe nicht sehen, weil ihre Psyche es ihnen verbietet oder weil sie auch so einfach blind für die Realität sind.

Ich habe mit vielen Menschen geredet, die über Misserfolge klagten. In letzter Zeit schreiben mich oft Entrepreneure an, die mit ihrer geplanten Innovation nicht mehr weiter wissen. Meistens verstehe ich nicht einmal annähernd, was sie erfunden haben. Sie bieten dann an, mich einen Tag lang zu besuchen und es zu erklären. Ich frage zurück, ob sie jedem Kunden einen Tag erklären wollen, was er kaufen soll … Ich habe so viel menschliches Leid *vorausgesehen*! Ich habe oft als Schiedsrichter in die Bewerbungen geschaut, ich konnte fast immer sofort erkennen, warum sie abgelehnt worden waren und warum sie auch weitere tausendmal abgelehnt würden. „Herr Dueck, hier ist die Bewerbung eines Freundes, ich habe ihm versprochen, dass er einen Rat von Ihnen bekommt. Äh … ja, ich habe selber reingeschaut, seltsam, er hat auf dem Passbild einen goldenen Anzug an. Hab ich ihm schon gesagt." Ich nickte und gab Rat. Wochen später kam der nächste Versuch. Ein silberner Anzug. Warum schickt ein Mensch nur noch hundert weitere Bewerbungen, wenn die ersten hundert abgelehnt wurden? Würde ein Innehalten nicht helfen? Ein Fragen?

Oder doch Fachkräftemangel?

An dieser Stelle schreibe ich es seit langer, langer Zeit: Die Bedeutung der Softskills steigt. Insbesondere in der IT beginnt man, zu Hause oder jedenfalls beliebig flexibel zu arbeiten. Jeder ist ein bisschen Verkäufer, Projektverantwortlicher oder Controller. Jeder soll ein bisschen managen können. In den Netzstrukturen der Projekte muss jeder Einzelne viel mehr selbstständig und selbstverantwortlich arbeiten und seine vielen kleinen Teiljobs koordinieren. Selbstmanagement und Selbstorganisation werden wichtiger.

Manager und Projektleiter haben immer komplexere Projekte am Hals und sind Mitarbeiter satt, die dauernd in den Hintern getreten werden müssen, die Termine vergessen oder auch nur dauernd nachfragen: „Welche Farbe sollen die Folien haben?"

Ich fühle mich bei solchen Auslassungen wie ein Exot – immer noch. Anstatt einfach die Konsequenzen zu ziehen oder mindestens die Problemstellung zu reflektieren, werden diese Thesen innerlich abgelehnt. Ich bekomme Leserbriefe, ich sei elitär. Mir wird vorgeworfen, ich würde offenkundig aus einem reichen, arroganten Umfeld stammen und nicht an das arme Volk denken (seufz, ich komme vom Bauernhof aus Groß Himstedt (476 oder so Einwohner), den meine Eltern als Flüchtlinge gleich nach dem Krieg gepachtet hatten).

Jetzt aber kommen die Einschläge der neuen Zeit näher. Die IT-Konferenzen haben jetzt oft einen Softskill-Track oder eine „People-Session". Neulich in London auf der QCon fiel sogar einige Male das Wort „Autism" im Zusammenhang mit Informatikern – noch vor meiner Rede.

Die neuen Arbeitsformen leiden jetzt zunehmend unter dem allgemeinen Mangel an Softskills. Die Softskills fehlen auch den Controllern, den Chefs und den Personalabteilungen, aber denen fehlen andere Skills (sie sind oft zwanghaft oder anti-sozial, narzisstisch oder hysterisch – aber nicht highly sensitive oder eben schüchtern-zurückgezogen wie die typischen ITler). Das Problem der fehlenden Softskills ist also ein ganz allgemeines, es ist nur in den jeweils fehlenden Skills unterschiedlich ausgeprägt. Die Art der Klagen über fehlende Skills variiert mit der Art des jeweiligen Mangels.

Auch die Personalabteilungen haben ihre Macken – nicht nur die Bewerber! Von diesem Macken ist nie so wirklich die Rede, weil die Personaler ja die Macht haben. Die Ratgeberbücher teilen also den Ohnmächtigen mit, wie sie der Macht gefallen könnten und worauf die Macht Wert legt. Ich war ja oft dabei, bei diesen total ewig gleichen Fragen nach der größten Stärke und Schwäche … Diese Fragen sind nicht schlecht, aber so stur nach Fragebogen? Kann man nicht ein bisschen mehr von Mensch zu Mensch reden? Sollten nicht auch die Personaler Softskills haben?

Na, vielleicht bin ich selbst zu sensibel … Ich erinnere mich an einen Bewerber, der im Lebenslauf formuliert hatte, er „erarbeite" sich Sonaten von Beethoven. Nach einem kurzen Vorgeplänkel fragte ich ihn, was er mit „erarbeiten" meine. Da legte er freudig los und erklärte uns alle Feinheiten aller Sonaten und sein Bemühen, sie zu durchdringen und bestmöglich zu interpretieren. Wir sahen einen Menschen, der in seinem Gebiet ein wahrer Meister war oder das in näherer Zukunft sein würde. Ich wusste damals gar nicht sooo viel von Beethoven-Sonaten, aber ich begann mich sehr zu interessieren … Huih, da war die Stunde plötzlich herum, der nächste Kandidat wartete. Ich schaute den Personaler an, der hatte einen sehr flackernden Blick. Als der Kandidat aus dem Raum war, brach es gleich heraus: „Wir haben ihn nichts über Programmieren gefragt, nicht nach seinen Schwächen, nicht nach seinen Stärken, und was mache ich jetzt?" Er zeigte mir stumm seinen Fragebogen, in dem jede Menge Häkchen zu machen waren, ob der Bewerber kommunikativ, authentisch, leistungsbereit etc. wäre. Ich meinte, wir sollten ihn einfach einstellen und die Kreuzchen bei gut oder sehr gut machen, damit die Akten in Ordnung seien. „Darf man das?", fragte er. Ich lächelte (ist ein bisschen gemein gewesen): „Wir müssen das jetzt wohl, oder?" Nach diesem Erlebnis fragte ich immer brav nach den Schwächen und so, damit der Fragebogen seine liebe Ruhe haben konnte.

Nach meinen Erfahrungen haben so etwa ein Drittel der Bewerber in den Vorstellungsgesprächen ernsthafte „Macken". Man merkt, warum sie sich bewerben – nicht weil sie *hierher kommen* wollen, sondern weil sie *von dort weg müssen*. Und die meisten Bewerber bringen das Problem, weshalb sie weg müssen oder zu müssen glauben, zum neuen Arbeitsort mit. Sie verzanken sich also wieder, oder sie halten sich nicht an Deadlines, oder sie kommen mit Chefs nicht klar. Was immer *dort* Probleme machte, das bringen sie *hierher* mit. Ich frage dann eher, was sie an der jetzigen Arbeitsstelle glücklich macht … Ich will sagen: Ein Viertel bis ein Drittel der Arbeitssuchenden bekommt eben immer Absagen – immer. Man sieht das Problem meistens schon am Anschreiben. Es steht da nicht explizit, aber man riecht es. Dazu braucht man nicht einmal Erfahrung! Ich habe in einer Kolumne von 2001 („Wen stellen wir bloß ein?", ist noch im Buch *Die Beta-Inside Galaxie* zu finden) berichtet, wie wir in einem Seminar echte Bewerbungen (anonymisierte frühere Bewerbungen von Seminarteilnehmern) an die Wand projizierten und zur Kritik freigaben. Alle Entscheidungen der Gruppe waren vollkommen okay. Die Gruppe kann einen Personaler vollwertig ersetzen. Ich will damit sagen: Eine Gruppe (vielleicht nicht jeder Einzelne) riecht die Probleme von Bewerbern.

Diese immer wieder, hunderte Male abgelehnten Bewerber schreien ihre Pein natürlich in die Welt hinaus, am besten gleich ins Internet. Das verstehe ich gut. Aber diese Klagen suggerieren ja in ihrer Gesamtheit, dass es Millionen von Hochqualifizierten geben müsse, die überall abgelehnt würden. Also – so der naheliegende Fehlschluss – sei der so genannte Fachkräftemangel ein Phantom. Es handle sich um einen Lüge der Unternehmer, die verbreitet würde, damit immer mehr ahnungslose Studenten die MINT-Fächer studieren würden, sodass es zu einer kaltblütig geplanten Ingenieursschwemme käme. Dann würden die Unternehmen die Gehälter drücken können.

Der Thor hält Rat für Feindschaft oder Erkenne Dich selbst!

Die Abgelehnten klagen und klagen. Abgelehnte Studienstiftler hassen die Studienstiftung („ich wollte da eigentlich gar nicht rein") – ich war lange in der Jury, ich habe viele Klagen gehört. Ich kenne viele gestörte Seelen, die beim Führungskräfte-Assessment eine Abfuhr bekamen („wenn die so urteilen, wie sie urteilen, sehe ich mich woanders um").

Sie alle verbringen Tagtraumtage und Alptraumnächte mit der Theorienbildung, warum sie wohl abgelehnt wurden, wer dahinter stecken könnte und welchem Nutzen- oder Machtkalkül sie zum Opfer gefallen sein könnten. Sie rationalisieren ihr Leiden hinweg, um es schließlich zu verdrängen.

Hilfe! Man muss doch herausbekommen, *warum* man abgelehnt wird! Wieso schreiben die Leute hunderte von Bewerbungen? Warum variieren sie das Papier, das Passbild und abgeschriebene Floskeln aus Ratgebern? Warum kommen sie nicht mit erheblicher Vorbildung über das Unternehmen zum Gespräch? Das war früher viel verlangt – dank Google aber reicht ein halber Tag surfen oder die Zeit bei der Anfahrt im Zug. Warum versuchen sie nicht, Feedback nach Gesprächen zu bekommen? Warum veranstalten die Diplomanden nicht so ein Seminar, in dem man ihre echten Bewerbungen beurteilt?

Es geht im Grunde darum, dass sich ein Mensch selbst kennenlernen muss. Er müsste verstehen, wie er von anderen gesehen und beurteilt wird.

Die viel gescholtenen Personaler machen aus dieser tiefen Erkenntnis ganz trockene, fast einfältige Psychofragen nach den größten Stärken und Schwächen, sie untersuchen eigentlich die Fremd-Selbstbild-Differenz und vergessen es wohl wieder vor Freude, eine Stärke oder Schwäche in den Bogen eintragen zu können.

Es ist viel und es bildet eine gute Basis für einen Menschen, wenn er sich selbst kennt. Darauf lässt sich viel bauen. Und vor allem deshalb sollen die Personaler nach Schwächen und Stärken fragen! Deshalb! Leider neigen die unfähigen Bewerber dazu, darin ein Spiel um die Entlarvung der Schwächen zu sehen. Leider neigen die unfähigen Personaler dazu, darin Entlarvungskommissar spielen zu wollen. Um Entlarvung geht es nicht! Sondern um die Frage, ob sich jemand gut kennt. Wenn der Bewerber seine Schwächen gut kennt und dann noch plausibel sagen kann, wohin er will, dann kann man vertrauen, dass er auch dahin kommt.

Was soll ich von einem Bewerber halten, der sich nicht kennt, aber meint, dass er Führungspotenzial hat und aufsteigen will?

Bevor sich ein Mensch kennengelernt hat, muss er sich kennenlernen *wollen*. Ich kenne viele, die das lieber nicht möchten. „Lass es ruhen. Es kommt zu viel Unerfreuliches heraus. Ich will gar nicht wissen, was andere von mir denken." Viele leben notgedrungen mit dem Status Quo und wollen keine Irritationen. Sie wollen sich nicht selbst in die Augen sehen. Sie schauen weg, wenn ihnen ein Spiegel vorgehalten wird. Sie fürchten, im Spiegel etwas sehen zu müssen. Diejenigen, die ihnen den Spiegel vorhalten, hoffen aber inständig, dass der Vorgehaltene doch nur EINMAL hinschauen möge. Sie zwingen ihn vielleicht sogar, einmal hineinzuschauen. Dann kommt es zu großen Konflikten.

Im Innern der Moschee im Schlossgarten von Schwetzingen kann man zu Sinnsprüchen aufschauen. Da oben, fast ganz oben in einer Kuppel stehet geschrieben: „Der Thor hält Rat für Feindschaft." Der Thor hält Hilfe für Kritik. Der Thor schaut niemals in den Spiegel. Wer ihm rät, der hat ihn angegriffen, und er bricht die Beziehung zu ihm ab. „Mit der rede ich nie mehr, sie hat gesagt, ich wäre geizig." Der Thor kennt sich nicht und will sich nicht kennenlernen. „Warum bin ich geizig? Warum siehst du das so? Wann wäre ich nicht geizig?" Das fragt kein Thor.

Ich habe viele Studenten, Kandidaten und Mitarbeiter gesprochen. Oft ging es um deren weiteren Weg. Ich habe ihnen oft einen kleinen Spiegel vorgehalten, einen kleinen nur. Es ist interessant, wie die Leute reagieren. Viele erklären, sie seien nicht Schuld. Viele verwahren sich gegen eine vermeintliche Aggression. Andere stehen stumm versteinert und sitzen die vermeintliche Kritik aus – sie stellen sich tot und warten. Noch andere weinen ein bisschen, was alles wegwaschen soll. Einige (oder ziemlich viele bei Ehestreitigkeiten) gehen zum Gegenangriff über. Und einige – die gibt es zum Glück – fragen so lange nach, bis sie alle Einwände oder Kritik ganz genau verstanden haben. Dann bitten sie um Rat, wie es besser werden könnte …

Man sagt heute, Manager sollen nicht einfach entscheiden und befehlen, sondern coachen und entwickeln. Nach meiner Erfahrung sieht man schon beim ersten oder zweiten Vorhalten eines Spiegels, ob sich Mitarbeiter selbst kennen und kennenlernen wollen. Nach meinem Gefühl will sich vielleicht eine geschlagene Hälfte der Mitarbeiter nicht wirklich coachen lassen – man muss in diesem Fall leider das Instrumentarium von Belohnungen und Strafen auspacken, um mühselig etwas zu verändern. Die aber, die sich fast glücklich darüber coachen lassen, verändern sich freudig und mühelos. Man kann ihnen oft zeigen, wie sie bitte in zwei, drei Jahren im Spiegel aussehen sollen und werden – und sie folgen dieser Vision.

Wenn ich bestimmen darf, dann stelle ich Mitarbeiter ein oder nehme Bewerber an, die sich selbst kennenlernen und weiterentwickeln wollen. Nicht solche, die sich in Bewerbungsgesprächen verschanzen oder die monologisch ihren Status Quo verherrlichen. Auch nicht solche, die sich unterschätzen und dann wohl nur leisten, was sie sich offiziell zutrauen.

Die Softskill-Debatte

Die Erziehung, der Kindergarten, die Schule und die Universität helfen meist nicht, dass sich der Mensch kennenlernt. Das Kind findet die Hauptforderung der Gesellschaft über seinem Zeugnis: Ordnung, Betragen, Fleiß und Mitarbeit. Es soll gehorchen und arbeiten.

Wenn es irgendwann einen Doktor hat, soll es plötzlich eigenverantwortlich agieren und nach selbstgewählten Teilzielen streben. Es soll alle erdenklichen Softskills haben und eine runde Persönlichkeit darstellen, am besten ein Leader sein.

Kennen Sie noch das früher ausgiebig diskutierte Peter-Prinzip? Es besagt, dass jeder gut Arbeitende befördert wird. Wenn er nicht gut arbeitet, wird er nicht befördert. Im Normalfall wird er also ein paarmal befördert, weil er gut arbeitet. Wenn er das erste Mal nicht gut arbeitet, wird er nicht mehr befördert. Daher arbeiten alle Menschen, so die Satire von Laurence J. Peter, in der ersten Position ihrer gezeigten Unfähigkeit.

Daran ist etwas Wahres. Oft wird der fähigste Fachlehrer zum Direktor befördert, wo er dann nicht mit Schülern, sondern mit Lehrern zu tun hat. Daran scheitert er oft kläglich. Oft wird der IT-Guru zum Manager ernannt, wo er Macht ausüben soll, die vorher in seinem Beruf gar nicht Thema war und auch nie in der Luft schwebte. Wenn sich also von einer Stufe zur nächsthöheren die verlangten Fähigkeiten zu stark unterscheiden, dann haben sich diese Menschen nach dem Peter-Prinzip in den Ruin getrieben. Ich drehe das Peter-Prinzip einmal um: „Habe die Weisheit, auf die letzte Beförderung zu verzichten."

Das heutige Softskill-Problem können wir nun im Spiegel des Peter-Prinzips anschauen. Wir als Betragen-Fleiß-Ordnung-Mitarbeits-Menschen haben uns bis zum vielleicht fünfundzwanzigsten Lebensjahr nie um Softskills bemühen müssen. Wir wurden eher gezwungen, dem Ideal des willigen Arbeitspferdes zu huldigen und wurden bei allen Abweichungen bestraft, weil das als eine Schwäche ausgelegt wurde. Nun aber, nach dem Doktor, wollen wir in eine neue Position befördert werden, nämlich in die erste richtige Arbeitsstelle, in der wir aber die Softskills zwingend haben sollen.

Ich folgere:

Wenn alles normal zugeht, haben wir mit unserer ersten Arbeitsstelle schon die erste Stufe der Inkompetenz im Sinne des Peter-Prinzips erreicht.

Das ist der Grund des „Fachkräftemangels". Denken Sie nicht zu sehr an das Studium und das Leben vor der Arbeit. Es geht darum, irgendwann gut arbeiten zu können. Ziehen Sie nicht gleich bei Ihrer ersten Position den schwarzen Peter.

Wer Absagen bekommt, muss sich kennenlernen. Wer sich kennengelernt hat, bekommt keine Absagen.

Integration! 4

Was kommt nach dem Desktop? Technisch gesehen der Laptop, das Tablet, dann vielleicht ein auseinanderfaltbares „Papier", das zusammen mit dem Smartphone in der Hosentasche einen Computer, einen Fernseher oder ein Bildtelefon abgibt? Dann brauchen wir nur noch ein Smartphone! Zusätzlich aber wachsen die Möglichkeiten der Integration heute noch disparater Welten …

Nach und nach verschwinden Engpässe und Kinderkrankheiten

Die PCs waren langsam, man hatte gerade einmal ein bisschen Rechenpower und ach so irre wenig Speicher – die Festplatte reichte gerade aus, um ein einziges heutiges hochauflösendes Knipsbild darauf zu speichern. Ich war damals stundenlang damit befasst, ein Spiel zu installieren. Meist musste ich mir noch Tipps holen, wie ich das Betriebssystem überlisten konnte. Ach, und dann ging es endlich, aber – Mist – ohne Ton! Weiter probieren! Später wurde das Verbinden mit dem Internet ein ähnliches Drama. Die Verbindung mit dem 14,4 kB/s-Modem war ziemliche Glücksache.

Dann die ersten Laptops! Immer nach Steckdosen suchen … In den Zügen gab es keine, erinnern Sie sich noch? Gar keine – heute ärgern wir uns schon überall, wo es keinen Strom gibt. Wir hatten damals bei IBM sogar eine Workstation RS/6000 als Laptop, mit AIX System. Ich erinnere mich noch an eine Demo in der IBM Zentrale in den USA. Mein Laptop war formal kein PC und durfte als Produktionseinrichtung nicht mit in die USA. Ich musste also alles rund um Zollbestimmungen und Inhaltsangaben meiner Workstation erleiden. Erinnern Sie sich noch an die Katastrophen mit Windows 98 und den Beamern? Das häufige Nichtfunktionieren der Beamer hat damals zu heftigen Eruptionen höherer Manager gegenüber den Eventveranstaltern geführt – das ist den letzteren so sehr in die

© Springer-Verlag GmbH Deutschland 2017
G. Dueck, *Im Digitalisierungstornado*,
https://doi.org/10.1007/978-3-662-54879-0_4

Glieder gefahren, dass sie bis heute noch nicht glauben, dass Beamer funktionieren. Diese Paranoia scheint vererblich zu sein.

Dann später die Mitarbeiter! Was machen die denn mit einem Laptop, wenn sie den mit nach Hause nehmen? Dürfen sie Spiele darauf installieren, damit sie sich als Berater nicht so sehr im Hotel langweilen? Dürfen sie aber auch ihre Kinder am Wochenende darauf spielen lassen, so dass sich die Firma mit Sicherheit eine Menge Viren einfängt? Wir mussten uns damals alle IBM Anti-Virus installieren – das war ein Produkt der IBM Forschung und wurde später verkauft, weil man nicht voraussah, dass es ein großes Business würde. Die ersten Viren waren ja noch Spaß: Beim Hochfahren kam ein Weihnachtsbaum und wünschte alles Gute, danach verschickte sich der Weihnachtsbaum an alle Leute in der Kontaktliste. Weil vorher schon gewarnt wurde, ist zuerst nichts passiert, aber dann hat sich bei uns ein höherer Manager einen Weihnachtsbaum angeschaut – und dieser Chef hatte irre viele Kontakte …

Der Drucker funktionierte nicht wirklich oft auf Anhieb, das Papier trocknete schnell aus, und ich erinnere mich, dass damals die mögliche Beförderung eines promovierten Mitarbeiters sehr kontrovers diskutiere wurde. Es gab ja mehrere gute Kandidaten für die besser bezahlte Stelle. Der Boss fragte den Manager des hauptsächlich in Frage kommenden Kandidaten, was denn das Alleinstellungsmerkmal dieses Mitarbeiters wäre? Der Manager antwortete ganz trocken: „Er versteht den Kopierer." Das stimmte! Da lachten alle und ließen die Promotion durch.

Dieselben Entwicklungen haben wir bei den digitalen Kameras, beim DSL („wird in Ihrem Bezirk vielleicht in etwa 2 bis 180 Monaten verfügbar sein, aber sie können es jetzt schon buchen und bezahlen, vielleicht bekommen sie es wirklich"), bei den Einkaufsmöglichkeiten und dem Internetbanking erlebt. Seit ich zum runden Geburtstag 1991 ein IBM PS/1 und einen Endlospapier-9-Nadeldrucker bekam, sind lange Jahre vergangen. So lange hat es gedauert, dass die Kinderkrankheiten nach und nach aufhörten. Mein letzter IBM Laptop hatte noch einen so lichtschwachen Bildschirm, dass ich es an einem wunderschönen Sonnentag auf einem Parkplatz nicht wirklich schaffte, die Adresse des Kunden vom Bildschirm zu lesen, den ich gleich besuchen sollte.

Alles das ist weg. Bildschirm okay, Speicher okay, Festplatte reicht satt für alles außer Videos, das Netz ist fast überall und die Hotels hören nach und nach auf, für ein bisschen Surfen Horrorpreise zu verlangen. Das Netz ist oft daheim besser als in der Firma! Unsere Privatcomputer auch. Die Dienstlaptops oder gar Desktops, die dienstlichen Smartphones und das Netz in den Unternehmen sind eine Zumutung aus der Steinzeit. Wir bestehen darauf, unser eigenes Equipment zu benutzen: „Bring your own device." Sollte man das dürfen? Dann spielen in Wirklichkeit doch die Kids auf dem Dienstgerät? Kann ein Kind die geheimen Fertigungsunterlagen der Firma in der Cloud verteilen? Wird nicht dem Verbrechen und dem Chaos Tür und Tor geöffnet? Soll ein Unternehmen eine sündhaft teure IT betreiben, die so robust ist, dass sie alle möglichen Privat-Geräte verträgt?

Bei der IBM hatte ich vom ersten Tag an (März 1987) E-Mail – die gab es aber nur im Wissenschaftszentrum, und wir waren gut abgeschottet – Firewall würde man heute sagen. Damals erbat ein Wissenschaftler aus Kuba per Mail einen Sonderdruck einer mathematischen Forschungsarbeit von mir. Hmmh, das war verboten – keine Post in Länder, die mit den USA verfeindet waren. Ich fragte, ob ich ihm das aber per Mail verraten dürfte – sei das auch verboten? Darüber hatte noch niemand nachgedacht. Es war noch nie vorgekommen! E-Mail nach Kuba! Was tun? Eine gute Idee ist es, immer einfach das Vernünftige zu tun und gleich auf einem Blatt Papier diese Entscheidung zu dokumentieren, zu begründen und abzuheften. Das tut's immer und ist safe, bei IBM jedenfalls – und bitte nicht warten, bis es irgendwann einmal entsprechende Gesetze gibt! (Und den Preprint habe ich privat hingeschickt, war einfach nur „public" Mathe!)

Ich will sagen: In den Kindertagen gab es eine Menge Kinderkrankheiten und weite Steppen und Wüsten und Urwälder gesetzlosen Landes. Es war nichts geregelt, so vieles ging schief und musste zusammengewurstelt werden. Aber wir haben immer optimistisch an die Chancen des neuen Zeitalters geglaubt … Heute funktioniert alles viel besser, aber es werden überall Risiken gesehen. Die heutige Mail von der Gesellschaft für Informatik beginnt so (gerade erhalte ich sie beim Schreiben): „Der neue GI-Radar ist da. Heute berichten wir unter anderem darüber, warum Google jetzt auch den menschlichen Körper durchsuchen möchte, welche Risiken beim vernetzten Automobil lauern und warum Canvas Fingerprinting künftig den Kunden ausspioniert."

Ich will die Risiken nicht verharmlosen, aber mir fällt echt sofort ein, was beim unvernetzten Autofahren so alles passiert: Sportliches Fahren bzw. Rasen, Alkohol, Geisterfahrten, Gafferstauunfälle etc.

Ich bin es irgendwie überdrüssig, immer „Chancen und Risiken" oder „Möglichkeiten und Gefahren" wie in der Schule zu erörtern. Lassen Sie uns doch ohne vorauseilenden Groll einfach in die Zukunft schauen! Die ganze Entwicklung war bisher steinig und voller Probleme. Die hören nicht auf, die packen wir an.

Lassen Sie uns anpacken. Sie sind doch bestimmt alle dafür, dass Deutschland das große Land der Innovationen sein soll, und wenn Sie das wollen, werden erst die Chancen erörtert und dann die Risiken.

Infrastrukturaufbau ist schwierig und dauert!

Von meinem ersten PC bis heute hat es eine lange Evolution der Bildschirme, der Batterien, Drucker, Modems, Chips, Festplatten und der Vernetzungen gegeben. Das iPad ist technisch gerade so eben möglich gewesen, weil man schon genug Flash-Speicher hatte, gute Bildschirme, genügend Batteriekapazität und Home-WLAN möglichst überall. Diese Voraussetzungen waren gar nicht wesentlich vor dem Jahr 2010 gegeben – aber dann konnte man sofort loslegen. Nicht vorher: Der viel frühere Newton von Apple scheiterte eben, weil die Strukturen nicht einmal entfernt ausreichten. Das Apple Newton Message-Pad wurde 1993 angeboten und 1998 von Steve Jobs persönlich eingestellt, er hat dann wohl geduldig gewartet, bis man im April 2010 alle technologischen Möglichkeiten hatte.

Vom PC bis zum Tablet hat es also ganz schön lange gedauert, bis alle Einzelkomponenten den nötigen Entwicklungsweg hinter sich hatten.

So irre viel ist aber nicht passiert: Es wurde nur alle zu Ende entwickelt. Das, was ich mir schon bei meinem ersten PC wünschte, ist eben jetzt da.

Und nach vorne gesehen: Das Internet fängt ja jetzt erst an.

Wenn das Netz überall verfügbar ist, wenn alle Dinge über das Internet im Prinzip ansprechbar sind, dann lassen sich ganz neue Strukturen und Anwendungen denken. Leider dauert es lange, bis sie sich mit den Anwendungen zusammen herausbilden. Schritt für Schritt bilden sich Anwendungen und Strukturen gemeinsam aus. Manche Strukturen zögern oder wollen sich nicht entwickeln:

- Es gibt immer noch kein Micro-Payment-System, weil sich die Banken nicht einigen können. Warten sie auf Amazon, das gerade so etwas jetzt einführen will: „Bezahl alles über Amazon?" Beklagen sich bald die Deutsche Bank oder der Sparkassenverband jammernd, dass sie leider keine Macht gegen so große amerikanische Player haben?
- Jedes Ding könnte doch schon einmal ein IP-Adresse bekommen; alle Bücher haben doch schon eine ISBN, warum gibt es keine ISPN? P wie Produkt? Dann könnte ich statt der Face-Erkennung per Smartphone eine Produkterkennung benutzen: Ich fotografiere ein Produkt, die Kamera fragt im Netz nach dessen ISPN und zeigt mir im Smartphone gleich, wo es das Produkt billig gibt …
- Wenn jedes Ding eine ISPN und eine IP-Adresse hätte, könnte ich mit den Dingen sprechen: „Hey, Hotelfernseher, wer bist du? Aha, so einer. Bitte schicke deinen Treiber auf mein Smartphone, dann nehme ich dies als Fernbedienung. Was, drei Euro komplett mit kostümfreien Hotspots? Na, gut … " Ich könnte zu jedem Ding (z. B. Shared Car) gehen und es zu meinem Service bedienen, es kann gleich Geld dafür verlangen.
- Die Dinge könnten untereinander reden, die Herzschrittmacher mit dem Krankenhausmonitoring, die Roboter in der Fertigungsstraße miteinander, die verlassenen Baugeräte an den langen Autobahnbaustellen könnten sich verständigen: „Ich bin hier!" Ich würde ein Robotbook nach dem Vorbild von Facebook bauen, in dem jedes Ding eine eigene Präsentationsseite hat und wo die Roboter Freundschaften schließen können (eng, weit, ein bisschen) und entsprechend dem Freundschaftsgrad ihre Daten austauschen, also miteinander reden. „Blutzuckermesser an Arztcloud – kann mal ein Computer nachschauen, was hier los ist? Der Körper, den ich betreue, macht Zicken. Was, 20 Euro für einmal über Netz Reinschauen? Das zahlt meine Kasse nicht, ich suche erst bei Billig-Diagnose.com."

Bisher sind die Smartphones und Computer dadurch entstanden, dass sie durch die immer besseren Komponenten möglich wurden. Nun aber müssen sich viele Unternehmen zusammenraufen, um neue Geschäftsmöglichkeiten zu integrieren, wobei viele der Unternehmen sterben könnten. Unternehmen sind oft durch ihre Verbände vertreten, die aber nichts tun können, weil sie ja alle Mitglieder vertreten, auch die, die dann verschwinden werden, wenn die Verbände etwas tun. Deshalb sind ihnen oft die Hände gebunden.

Viele Firmen mögen es nicht, wenn ihre dann sprechenden Produkte freimütig weitererzählen, dass ein Fehler passiert ist – zum Beispiel könnte ein Infusionssystem im

Krankenhaus melden: „Sorry, der Infusionsbeutel war verstopft und dann war kurz das Internet weg, deshalb der Tote." Es sind also nicht nur Menschen, die eine Privatsphäre behalten möchten, sondern auch Maschinen!

In den genannten Beispielen kommt es darauf an, dass sich eine Menge von Unternehmen mit verschiedenen Interessen zu einem integrierten Ganzen zusammenraufen. In großen Unternehmen sind nicht einmal die Abteilungen im Unternehmen intern dazu in der Lage. Stellen Sie sich die Unis vor, die beschließen sollten, wie ihre Online-Vorlesungskonserven im Internet erscheinen sollten: Da würden sich die Slawisten mit den Geographen und Maschinenbauern fetzen etc.

Wir müssen reden! Es geht in der nächsten Runde um Verständigung auf Normen und neue Sprachen zwischen den Maschinen und Dingen. Reden wir nun?

Google schon wieder

Wie würde es in Deutschland angestellt, den gesamten Verkehr auf selbstfahrende Autos in Taxibetrieb umzustellen? Man müsste sich erst ein Konzept ausdenken, das müsste von paritätisch besetzten Kommissionen einstimmig verabschiedet werden, dann begänne eine längere Grundlagenentwicklung, später wäre die CSU doch ganz dagegen, jetzt forschen Staatseinrichtungen nochmals zehn Jahre konkreter, es gibt neue Vorschläge, die aber die Luxusautohersteller nicht gut finden, weil auch billige Selbstfahrautos erlaubt werden sollen …

Am besten würde es den Unternehmen in den Kram passen, wenn die Bundeswehr Drohnen und selbstfahrende Haubitzen gegen wahnsinnig viel Geld erforschen und entwickeln ließe. Dann könnten die Unternehmen das angesammelte Wissen auch im zivilen Sektor nutzen und hätten auf diese Weise viel geringere Kosten – weil der Steuerzahler einspringt. Leider dauert es wieder zehn Jahre und Verspätungen durch Wahlen, bis sich die Bundeswehr entscheidet, die eigenen Menschenleben zu schonen und lieber Drohnen erforschen zu lassen, damit die zwanzig Jahre später in den Dienst gestellt werden … Ich will sagen: Man kann sich über beharrliche Politik die Forschung bezahlen lassen, aber es dauert eine Generation länger.

Google baut derweil stur ausdauernd an den Selbstfahrautos, lässt sie im Straßenverkehr zulassen und beteiligt sich am Taxi-Portal Uber, das gerade in Deutschland in der Kritik steht, Taxifahrer arbeitslos zu machen, weil bei Uber auch Privatleute dazuverdienen können. Warum beteiligt sich Google an Uber? Ich rate einmal: Die Taxis werden in einigen Jahren durch selbstfahrende Fahrzeuge ersetzt! Klar, aber das Wichtige ist, dass sich die Leute schon jetzt an das Portal gewöhnen und sich die Gesetze im Sinne von Uber anpassen. Dann kommen die selbstfahrenden Taxis zum halben Preis. Vor einigen Wochen (am 7.7.2014) erscheint die Pressemeldung, dass Google 500 Millionen Dollar ein einen eigenen Paketdienst investieren will. Es ist daran gedacht, Bestellungen großer Versender nach dem Muster von Amazons Prime-Services abzuwickeln. Wenn dieser Paketdienst steht – wetten, das? – kommen die Pakete mit selbstfahrenden Autos oder Drohnen, die

Google bis dahin auch baut. Wenn der Transport der Pakete selbstfahrend klappt und sich auch daran alle gewöhnt haben, setzen wir uns auch per Uber persönlich ins selbstfahrende Taxi. Die Pakete kamen ja bisher auch heil an.

Google verhandelt nicht, das ist der Clou – und das will ich hier laut sagen! Google erschafft sich die Welt so, dass die geplante Infrastruktur dazu wie angegossen passt. Google baut einerseits die Infrastruktur und kauft sich gleichzeitig Teile der Welt auf, in der diese Infrastruktur schon einmal nützlich ist und am besten gleich Profite abwirft. Diese erste Teilinfrastruktur, die schon erfolgreich ist, wird dann der ganzen Welt angeboten.

Außerhalb von Google, Amazon, Facebook und Co wird aber nur gestritten und diskutiert, welche Risiken bestehen. Die Verbände vertreten nur die Interessen ihrer Mitglieder. Die großen Unternehmen setzen auf ihr „Kerngeschäft", das sich aber bald dem Ende zuneigen könnte. Was soll das sein, ein Kerngeschäft? „Das, was ein Unternehmen am besten kann." Was aber sollte es in Zukunft gut können? Das weiß es nicht und sieht darin ein unkalkulierbares Risiko. Immer ein Risiko! Das größte Risiko ist es, ein Kerngeschäft zu haben! Das sagen die Schrumpfberater anders, ich weiß.

Google kann ja auch erst einmal nichts! Es kann keine richtig guten selbstfahrenden Autos, keine Roboter oder Drohnen bauen, es versteht nichts von Taxis und Paketdiensten, es ist keine Bank und kein Cloudprovider. Google hat keine Ahnung von Internet-Ballons, Amazon hat keine Ahnung von Cloud Computing und Weltraumflügen. Google versteht etwas vom Suchen und Werben, Amazon von Büchern.

Aber sie LERNEN einfach alles dazu, was sie sich zu lernen vornehmen! Sie jammern nicht, sie lernen. Und sie machen gigantische Fortschritte! Google wird es den Autobauern zeigen. Amazon hat die Cloudfirmen schon fast vorgeführt.

Sie lernen Jahr für Jahr und freuen sich über jeden Fortschritt. Google sagt: „Wir lieben mega-ehrgeizige Projekte, weil es da keine Konkurrenz gibt." Und im Kontext hier: Es gibt deshalb keine Konkurrenz, weil hierzulande noch ungläubig gelacht wird.

Diese Kolumne im Informatik-Spektrum schreibe ich seit 1999, und eine der ersten handelt ausführlich von Amazon. Darin rege ich mich über die damalige Meinung über Amazon auf, die hörte sich so an: „Das ist heiße Luft. Das ist rein virtuell. Eine Blase, keine Substanz. Die Firma besteht im Wesentlichen aus einer Logistiksoftware, die man beim Konkurs nicht verkaufen könnte. Substanz Null. Wieso steigt der Kurs? Hype, nur Hype." Ich hatte mich damals bewundernd über Amazon geäußert und bekam echte Hate-Mails, wie dumm ich bin. Die meisten von Ihnen haben danach lange gelacht, dass Yahoo und Google alle Services gratis anbieten und sich nur über Werbung finanzieren. Haha! In allen solchen Fällen lachen fast alle hier in Deutschland so etwa zehn Jahre. Es passiert ja nicht viel in der Zeit, in der die neuen Firmen lernen. Das bedeutet, dass sich mega-ehrgeizige Projekte volle zehn Jahre unter dem Naturschutz Ihres Lachens und Ihren Risiko-diskussionen zur vollen Blüte entfalten können.

Sie glauben es erst, wenn die Drohnen vor ihrem Haus langsam und achtsam zwischen den Gartenbäumen landen. Sie landen genau auf der Außenpaketbox an unserem Haus, kennen den Code für das Zahlenschloss, die Klappe öffnet sich, und ein Roboterhändepaar lässt das Paket in die Box gleiten.

Glauben Sie nicht? Als in den 50er Jahre die ersten Trecker die Pferde ersetzten, gab es einmal ein Gerücht, es werde dereinst große Maschinen geben, die vollautomatisch Erbsen, Bohnen und Maiskolben pflücken könnten. Das konnte ich nicht glauben. Eine Maschine soll Bohnen pflücken – wo der Mensch darin hunderte Jahre Erfahrung hat?

So staunen die Deutschen über Googles Integrationspläne. Focus Online meldet: 100 Jahre Fahrzeugerfahrung und ständige Innovationen zu überbieten - „dafür muss einer schon verdammt gut sein", gab sich jüngst der Chef des deutschen Branchenverbandes VDA, Matthias Wissmann, selbstbewusst.

Die stille Good-Enough-Revolution 5

Nach 12 Jahren möchte ich noch einmal auf das Verschwinden des Rotschimmelkäses zurückkommen. Ich habe dieses Thema schon 2002 in der Kolumne *Auf und Up mit Logik erster Ordnung* (heute auch im Sammelband *Panopticon* zu finden) beleuchtet.

Es gibt nichts mehr zu kaufen!

Ich aß so gerne den Rotschimmelkäse von Castello. Den gab es irgendwann nicht mehr, nur noch den weißen und den blauen. Einige Zeit später bekam ich Leserbriefe von Ihnen (ich bekam damals noch welche), dass es Rotschimmelkäse beim ALDI gäbe. Hey, das wusste ich ja, es ist aber nicht dasselbe, obwohl der Käse beim ALDI auch gut ist, ich will nicht meckern, er ist, wie man heute so sagt, „good enough". Seit einiger Zeit gibt es auch keinen Weißschimmelkäse von Castello mehr! Und nun die Vollkatastrophe: Seit einigen Wochen haben REWE und Edeka auch den meistgängigen Blauschimmelkäse aus dem Sortiment genommen. Ich muss jetzt extra in ein großes Kaufland, da gibt es ihn noch – aber wie lange? Das stimmt mich traurig, aber der Auslöser für diese Kolumne war dann eine noch viel größere Enttäuschung.

Seit langer Zeit kaufe ich alle Kochzutaten, die es in Heidelberg nicht so wirklich gibt, im Käfer-Feinkost-Geschäft unten im Hauptbahnhof München ein. Da gibt es alles Feine dieser Welt. Ich möchte einen ganz bestimmten Orangenblütenhonig, eine Hühnersuppenpaste, Pineapple-Marmelade von Tiptree und so weiter. Es gibt etwa zwanzig Artikel, die ich immer da einkauf(t)e. Leider verkaufte Käfer das Geschäft, es hieß ein paar Mal anders, sodass ich mir den Namen gar nicht mehr merke. Auch bekam ich nun nicht mehr alle Artikel, die ich immer wollte. Es war jedes Mal sehr ärgerlich, mir alles von woanders zusammensuchen zu müssen. Ja, und nun! Bei meinem letzten Besuch in München gab es

© Springer-Verlag GmbH Deutschland 2017
G. Dueck, *Im Digitalisierungstornado*,
https://doi.org/10.1007/978-3-662-54879-0_5

NICHTS mehr, was ich „extra" brauche. NICHTS. Ich ging aus dem Laden, winkte ihm wehmütig zu und murmelte traurig: „Ich komme nie mehr wieder."

Vieles gibt es bei Amazon und eBay. Dann kaufe ich eben dort. Der Handel ärgert sich über Amazon und eBay, aber ich ärgere mich über den Handel. Sehr. Ich war noch einmal in der Residenzstraße in München – im Eilles-Tee-Shop, ich wollte die neuen Tea-Diamond-Sorten kaufen, die im Adventskalender (24 Tage Eilles Tee) neu beworben wurden. Sie schmecken! Muss ich haben! Im Laden waren sie nicht. „Die gibt es nur im Internet." Dann eben wieder Amazon? Da sind sie.

Artenvielfalt und Darwinismus

Richtig guter Schimmelkäse scheint nicht mehr zu überleben und verschwindet. Das Exquisite stirbt oder zieht sich in die letzten Biotope zurück, ins Internet. Was steckt dahinter? Es ist eine stille Kumpanei des Handels und der Kunden, die in einer langsamen Todesspirale dazu führt, immer schlechtere Qualität zu kaufen und zu verkaufen. Die Wissenschaft hat es schon lange vorhergesagt:

Im Jahre 1970 publizierte George A. Akerlof den Artikel *The Market for 'Lemons': Quality Uncertainty and the Market Mechanism.* (Der Markt der Zitronen – Marktmechanismen bei unsicherer Qualität.) Dieser setzte eine große Welle von Forschung in Gang. Im Jahre 2001 wurde den drei Wissenschaftlern Akerlof, A. Michael Spence und Joseph E. Stiglitz der Nobelpreis für Wirtschaft verliehen („The Bank of Sweden Prize in Economic Sciences in Memory of Alfred Nobel"). Der Preis wurde ihnen je zu einem Drittel „for their analyses of markets with asymmetric information" (für die Analyse von Märkten mit asymmetrischer Information) vergeben.

Akerlof (der Ehemann der jetzigen amerikanischen Notenbankchefin Janet Yellen) untersuchte Gebrauchtwagenmärkte, in denen bekanntlich die Qualität ein bisschen Glücksache ist. Wir kaufen eher nach dem Vertrauen in den Händler als in das Auto. Das amerikanische Wort *lemon* bedeutet auch Gebrauchtwagen, Schrottkarre oder allgemein Niete. Deshalb: *the market for lemons.* Im untersuchten Markt wurden nach vertrauensvollen Jahren plötzlich vertrauenserschütternd minderqualitative Autos angeboten. Die Kunden reagierten mit niedrigeren Preisvorstellungen. Sie waren nicht mehr bereit, den vollen Preis zu bezahlen – bei keinem der Händler mehr. Das erkannte Qualitätsrisiko ging in den Preis ein. Die Gebrauchtwagen wurden billiger. Das ruinierte die Anbieter von höchstqualitativen Autos, die sich zurückzogen oder ganz aufgaben. In der nächsten Runde der Spirale waren also keine höchstqualitativen Autos mehr am Markt – die Gesamtqualität war geringer. Das merkten die Käufer instinktiv und schauten sich jetzt die Autos noch viel gründlicher an als sonst. Die gebotenen Preise für die Autos sanken. Daraufhin konnten noch mehr Qualitätsanbieter nicht mehr mithalten. Usw. usw.

Am Ende gibt es nur noch aufwendig aufgemotzte Schrottkarren von zweifelhaftem Wert, marktschreierisch laut zu Tagessonderpreisen angeboten.

Akerlof benutzte den Begriff *der adverse selection*, der adversen Selektion: In einem Markt, in dem hochwertige Ware vorgetäuscht wird, wird die wirklich hochwertige Ware hinausgedrängt, weil sie den preismindernden Verdacht misstrauischer Käufer kostenmäßig nicht tragen kann. Verdächtigte Ware ist nämlich nur mit einem Abschlag auf den Preis absetzbar. Der Markt konvergiert in einen Zustand, den eigentlich keiner der Marktteilnehmer will. Die Klassiker der Ökonomie um Adam Smith sagen, der freie Markt pendele sich ein. Aber wohin? In den Orkus!

Wir können diese Idee des „Zitronenhandels" eine Stufe weiterdenken: Bei den Discountern wird oft so genannte Handelsware zu einem geringen Preis angeboten, die fast identisch oder sogar ganz identisch mit bekannten Markenwaren ist. Wenn wir also einen hohen Preis für Serrano-Schinken bezahlen, sind wir nicht mehr so sicher, ob der zum halben Preis bei Discountern angebotene Schinken nicht derselbe ist. Immer dann, wenn wir etwas Exquisites kaufen, kommen uns Zweifel. Wir könnten „betrogen" worden sein. Darüber denken wir ständig nach, weil wir ganz generell das Vertrauen in die Märkte verloren haben. Ist nicht der Blauschimmelkäse im ALDI genauso gut? Tun es nicht die dort angebotenen Lebkuchenherzen auch?

Wir zwingen mit diesem aus Enttäuschung berechnenden Verhalten die Qualitätsanbieter aus dem Markt. Die Firma Bahlsen hat ihre traditionelle Lebkuchenproduktion eingestellt – diese Lebkuchen waren für viele von uns die besten. Ein Höchstqualitätsanbieter hat damit aufgegeben, weil wir ihn durch das Kaufen von preiswerter Handelsware vom Markt verdrängt haben.

Es überleben diejenigen Produkte, die „good enough" sind und wenig kosten. Natürlich sinken die Umsätze der Unternehmen, wenn wir weniger für die Handelsware ausgeben. Dann aber können die Produzenten nicht mehr so gute Gehälter für die Mitarbeiter zahlen, das sind wir. Wir haben folglich weniger Gehalt (das steigt seit Jahren nicht mehr) und müssen uns überlegen, wie wir überleben: Na klar, durch den Kauf von Handelsware. Dadurch gibt es mehr Angebot von minderer Qualität, weil die Produzenten sich darauf einstellen. Sie zahlen natürlich keine Lohnerhöhungen … die Todesspirale dreht und dreht sich:

- Es gibt immer mehr und bald nur noch „good enough".
- Unsere Lebensumstände werden „good enough".
- Die meisten Mitarbeiter werden „good enough" bezahlt.

Es könnte sein, dass es noch einige Zeit so weitergeht und bei „bad enough" endet. Es scheint so, als würde die Akerlof-Spirale wissenschaftlich begründen können, was unter der Hand schon immer gemutmaßt wird – dass sich das Mittelmäßige durchsetzt und es oft sogar für einige Zeit lang schlimm genug wird.

Good or Bad Enough!

Wollen wir kurz zur Illustration durch einige Bereiche unseres Lebens streifen?

Bücher: Jeden Tag lese ich überschwänglich begeisterte Artikel, dass das „schöne" Buch ewig lebt und die „Haptik" das Leben der Menschen bereichert. Solche wunderschönen

Bücher werden auf der Buchmesse zelebriert, aber wo sind sie? Die Buchhandlungen bieten große Haufen von Bestsellern. Das mit den großen Haufen ist sicher so eine Art sorgsamer Pflege der höchsten Qualität, die nur der spezialisierte Buchhändler bieten kann, den die Leidenschaft für das Höchste antreibt. Leider sind da Zeitarbeitskräfte in der Buchhandlung, und die Bestseller gibt es exakt genauso als Häufchen bei der REWE und in der ESSO-Tankstelle. Ich selbst habe ziemlich alle Literaturklassiker in Dünndruckausgaben. Mein Traum wäre, alle in Leder zu besitzen. Jetzt habe ich das Geld dafür! Nein, die werden von Winkler nicht mehr gedruckt, ich ersteigere Erbmassen bei eBay. Fazit: Das Buch ist fast heilig, was aber überlebt? Good enough, bad enough. Ich sehe es an den Einbandqualitäten meiner eigenen Bücher von 2000 bis heute. Ohne Lesebändchen und farbiges Vorsatzpapier ist good enough. Neulich war ich doch einmal in einer Großkettenbuchhandlung – sie hatten Klassiker nur noch als Paperback.

Bankberatung: Die ist wieder „heilige" Vertrauenssache, denn ein versierter Berater meines Vertrauens ist Goldes wert. Leider wechselt er immer und erteilt mir „Flachbildschirmrückseitenberatung", die auf jede noch so kuriose persönliche Situationen des Kunden den Kauf von margenstarken Produkten des Haues empfiehlt. In der Theorie wird „Markenqualität" diskutiert und dringend ein persönliches Gespräch empfohlen, aber hinten herum erfährt man, dass sich Kredite unter 10.000 Euro oder gar das Bedienen aufgeklärter Kunden gar nicht lohnen und automatisiert werden. „Internet ist good enough."

Autos: Als kleiner Junge schauten wir jedem Mercedes sehnsüchtig hinterher, in Groß Himstedt fuhren nur zwei, drei Bauern alte Dieselkarren, die den Treckerdiesel bzw. Heizöl vertrugen. „Ich habe einen Opel Admiral gesehen! Wahnsinn!" Man erkannte die Wunderautos sofort: Sie waren blendend schön und das Ziel unserer Träume. Heute? Der Trend geht zu Car Sharing, „das tut's". Die Autos sind keine Halsverdreher mehr …

Essen: Ich frage mich oft, was Leute so essen. Sie laufen in der Stadt herum und essen irgendwie alle Käsebrezeln und Bratwürste, heiße Maroni, Pizzasechstel, Heringsbrötchen und Eis. Alle essen sie! Ich darf es nicht, weil ich mit meinem Gewicht kämpfe, deshalb nehme ich es wohl nur so wahr. Essen die alle zu Hause dann noch etwas? Oder hängen sie noch kurz bei Burgern ab? Überall Thai 1 bis Thai 24G (Ducktails), Döner und Kuchen – kocht noch jemand selbst? Was wir da mit der Hand essen, ist ja gut genug, bzw. man sagt ja, es ist fast Food, was man da bekommt.

Computer und Informatik: Lange haben wir uns nur darum gekümmert, die besten Graphik-Prozessoren zu haben, um Doom X+ zu spielen. Jetzt haben sie alle ein neues iPad und fangen wieder mit Tetris und Pacman an. Jeder benutzt Standardsoftware, jedes Unternehmen hat SAP, die einstigen Starberatersätze haben sich halbiert, seit sich niemand mehr vor dem Jahr-2000-Fehler fürchtet, und der Gedanke, dass Daten in der Cloud unsicherer sein könnten als im eigenen Untertagerechenzentrum, dessen Lage nur die NSA kennt, verflüchtigt sich langsam. Cloud is good enough.

Ich kann jetzt natürlich lange weiter krakelen, ich habe Stoff für ein ganzes Heft. „Es" ist überall! Warum eine Doktorarbeit abschreiben? Der Bachelor tut's. Ein Kurzstudium tut's, oder besser die Credit Points dafür tun's. Vorlesungen besuchen – um NEUN Uhr? Das Script vor der Prüfung tut's. Zum Arzt gehen und damit einen ganzen Tag versauen? Googeln tut's.

Und Sie alle, soweit Sie noch Idealisten sind, reden über das, was bei Ihnen noch die „Krone der Schöpfung" ist, aber die hat sich nach nun schon so einigen Umdrehungen der Akerlof-Spirale in die letzten Reservate zurückgezogen. Es gibt zwar noch Exzellentes, Exquisites, Schönes und Ausgefallenes, aber man muss es jetzt sorgsam suchen, es ist fast ausgestorben, und es wird immer teurer, weil es schon Seltenheitswert hat. Oder Sie müssen ein besonderer Mensch sein, so wie ein Senator-Flieger, Privatpatient oder Vermögenskunde.

Wir verflachen – The flattened world

Die Preise drohen zu fallen. Die Deflation kommt, sie hat der Teufel schon an die Wand gemalt. Alle, die davon etwas verstehen, die Journalisten zum Beispiel, haben gehört, dass das schlimm ist.

Kann es aber nur daran liegen, dass die teuren Marken verschwinden und nur noch „fast äquivalente" Qualität geliefert wird? Kann es daran liegen, dass die Logistik viel billiger wird, wenn man nur noch Schnelldreher im Laden verkauft – wenn also der tatsächliche Service einer großen Warenvielfalt im Angebot wegfällt? Ist es einer Deflation geschuldet, wenn Bankleistungen billiger werden, nur weil wir die einstige Arbeit des Bankangestellten nun selbst draußen am Automaten erledigen? Ist es schlimm, wenn wir nicht mehr bereit sind, höhere Preise zu bezahlen, wenn die Warenvielfalt sinkt und der Service wegfällt? Wenn sogar die Qualität kompromittiert wird?

Es ist viel schlimmer als Deflation. Wir verflachen.

Es gibt kaum noch etwas, wonach wir „heiß" sind – mir fällt vielleicht noch ein iPad Air ein, aber im Grunde erinnere ich mich beim Anblick desselben an ein angenehmes Gefühl im Jahre 2008. Sparen wir sehnsüchtig für ein Auto, ein Haus? Träumen meine Kinder von teuren Wohnwänden? Von einem Superschrebergartenhaus? IKEA ist good enough.

Das Besondere, das ist fast ein bisschen tragisch, gibt es im Internet – bald eben nur noch da. Man schimpft immer noch giftig und zum Teil gar herablassend verächtlich, dass doch die Qualität immer nur im einfühlsam beratenden persönlichen Gespräch vermittelt werden kann, aber das Kostbare ist nicht mehr wirklich physisch anwesend, und auch die Berater sind nicht mehr die von gestern. Der Service geht seinen Industrialisierungsweg wie der Traumberuf der aus Hunderten Bewerberinnen ausgewählten Stewardess zum On-Demand-Flight-by-Flight-Freelance-Flugbegleiter.

Können wir uns nicht wieder aufraffen und etwas Begeisterndes schaffen, bei dem „Made in Germany" wieder gut klingt? „Researched in Germany"? „Developed in Germany"?

Hätten wir uns nicht früher über die Löcher in den Straßen geschämt? Heute finden Politiker: das tut's. War unser Bildungswesen nicht das Beste der Welt? Das G8 tut's auch – und überhaupt können wir zu „training on the job" übergehen, man lernt wohl am besten, wenn man sofort losarbeitet – die lange betriebliche Ausbildung können wir uns schenken.

Wir wählen diesen Weg in die allgemeine Verflachung nicht wissentlich oder willentlich. Es geschieht etwas mit uns. Wir reagieren. Das Exquisite wird nicht mehr so oft nachgefragt, da liegt es nicht mehr im Laden. Doktoren will man nicht so gerne einstellen, weil sie schon alt sind, zu hohe Gehaltsvorstellungen haben und Ansprüche stellen, die ihnen so etwas wie die Gier und den Biss der ganz Jungen nehmen. „Hochbildung lohnt sich nicht." Gute Beratung lohnt sich nicht, weil sie nicht bezahlt wird. Hochsicherheit der Daten ist teuer, sehr teuer, da riskieren wir es. Sehr vieles, was rund um uns geschieht, gleicht dem zähen, langen Prozess des Zitronenhandels mit Gebrauchtwagen, den Akerlof einst beschrieb.

Stufe um Stufe verflacht das Vortreffliche, weil es nicht honoriert wird. Und weil diese Verflachung von den Kunden und Nutzern bemerkt wird, sind diese immer weniger bereit zu zahlen. Dann setzt die nächste Stufe der Verflachung ein. Niemand hat dabei etwas absichtlich Böses angestellt – vielleicht einmal zu Anfang, als die Henne oder das Ei mit der Entwicklung begannen. Nun aber geht es unaufhaltsam weiter. Die Kunden reagieren auf die Anbieter, die Anbieter auf die Kunden.

Es ist ein Drehen umeinander, wie sich Doppelsterne umeinander drehen und sich einst vereinigen, Runde um Runde, Jahr für Jahr.

Dieses Reagieren, Runde für Runde, wird dabei als eigenes rationales Handeln wahrgenommen – nur in Kriegszusammenhängen verstehen wir die Eskalationsrunden der Gewalt. In der Ökonomie aber scheint noch nichts rund zu laufen.

Ich habe einst, es mag etwa zehn Jahre her sein, einen General Manager vor sich her sinnieren und dabei trauern sehen. „Das Klima ist härter geworden. Die Kunden feilschen, wir auch. Juristen tricksen in Verträgen, Einkäufer versuchen sich zu übervorteilen. Ich dachte, es ist eine Übergangszeit. Es gibt gute und schlechte Zeiten. Aber das Vertrauen ist geschwunden, Menschen wechseln, die Stetigkeit der Beziehungen ist verloren gegangen. Ich dachte lange, dass es bald aufhört. Nein, ich dachte es eigentlich nicht explizit – ich erwartete es ohne Nachdenken, weil es immer mal besser, mal schlechter geht. Aber ich merke, dass es nicht aufhört. Es ist nichts da, was es aufhält. Es ist niemand da, der gute Arbeit wieder gut bezahlen will, es ist niemand da, dem es ernsthaft um das Wachstum von Vertrauen geht. Ich werde bald in Pension gehen, und es ist dann noch nicht zu Ende. Es ist überall, in jeder Branche, es gibt kein Entrinnen, für niemanden."

Ach, es ist eigentlich üblich, dass Kolumnen zumindest alibi-tröstlich enden. Es kann hier keinen Trost gehen, weil das Übel gar nicht gesehen wird. Für die Rückkehr des Vertrauens und für Kooperation, für die neue Begeisterung für das Exzellente muss ja erst eine kritische Masse stimmen können. Die sehe ich nicht.

AAD – Attention Avoiding Disorder oder die Durchschnittlichkeitssucht

6

Sie kennen sicher Mitmenschen, die an ADD leiden, an einer Attention Deficit Disorder – jedenfalls hat diesen Menschen das ein Arzt oder ein Lehrer so gesagt – also in jedem Fall ein Experte, der sich damit und überhaupt auskennt. ADD verleitet Menschen dazu, sich interessanten oder herausfordernden Dingen zuzuwenden. Es gibt stets dann Probleme mit derartigen Menschen, wenn das Interessante nicht gerade auf der Schultafel oder an der Beamerwand steht. Solche Probleme meine ich nicht! Gar nicht! Ich habe eine ganz neue Krankheit entdeckt, die nur so ähnlich heißt. Es ist die AAD, die Attention Avoiding Disorder. In dieser Kolumne möchte ich Ihnen die Symptome vorstellen, an der Sie „die Unsichtbaren" erkennen können – es ist gar nicht so einfach, Menschen zu erkennen, die sich aller Aufmerksamkeit entziehen!

AAD und die Unsichtbaren

An AAD leiden Menschen, die die Aufmerksamkeit anderer aus teilweise guten Gründen vermeiden. „Gehe nicht zum Fürst, wenn du nicht gerufen wirst." Dahinter steckt eine gewisse Weisheit, die die Abgrenzung zur Krankheit erschwert – ich weiß. Aber die ADD-Kranken leiden ja oft auch nicht unter ihrem wechselnden Interesse an Teilen ihrer Umwelt – es sind mehr die anderen Mitmenschen, die laut stöhnen. ADDs leiden an der Krankheit, die anderen unter der Krankheit.

Jetzt sollte ich wirklich genauer sagen, was ich mit AAD meine, aber klar. Trotzdem muss ich noch eine Schleife fliegen: In den Manualen der Psychologen gibt es schon lange eine „Avoidant Personality Disorder". Die meine ich auch nicht! Diese Persönlichkeitsstörung bezieht sich auf Menschen, die sehr dünnhäutig und extrem sensibel auf Kritik reagieren und sich dieser durch Vermeidung zu entziehen suchen. Auf Kritik hin schämen sie sich absolut extrem. Deshalb kommunizieren sie nicht so viel bei der Arbeit, erscheinen sehr schüchtern, fühlen sich beim Alleinsein sicher und riskieren dann oft eine soziale

© Springer-Verlag GmbH Deutschland 2017

G. Dueck, *Im Digitalisierungstornado*,

https://doi.org/10.1007/978-3-662-54879-0_6

Isolation. Sie grüßen nur zurückhaltend und scheuen direkten Augenkontakt – bloß keine Anknüpfungspunkte. Die Haupttriebfeder ist die extreme Scham über die eigene (vermutete oder empfundene) Unzulänglichkeit.

Dieses Vermeiden von Kritikpunkten (APD) oder das Verzetteln der Aufmerksamkeit bis hin zum Chaoten (ADD) bespreche ich hier nicht. Es geht um AAD, die Attention Avoiding Disorder.

Kennen Sie die wichtigen Zeitpunkte in Meetings? Meetings oder Telefonkonferenzen dauern möglichst fast genau eine Stunde inkl. „biological break". Sie beginnen trotzdem immer zehn Minuten zu spät, dann streitet man sich sehr lange über periphere Unsinnigkeiten und besinnt sich nach etwa 80 Prozent der Zeit, dass etwas herauskommen sollte. Auch das geschieht nicht immer, aber doch dann, wenn ein penetranter BWL-Chef dabei ist, der immer mit der Agenda und den ToDos droht. Kurz vor dem Ende der Meetings stellt man fest, dass man eigentlich als Team etwas erarbeiten wollte, wozu man leider nicht kam. Nun wird die vorher als Teamarbeit klassifizierte Teamarbeit an einzelne Mitarbeiter verteilt, damit das Verquatschen wieder kompensiert wird. Dazu zählt der Manager kurz die ToDos auf und schaut scharf in die Runde: „Wer macht's?" Tiefes Schweigen, einige schauen aus dem Fenster, andere studieren ihre ausgedruckte pompöse Tagesterminliste. Der Manager, nun ungeduldig: „Wer macht's? Bitte, ich sage Ihnen: Wir gehen hier garantiert nicht auseinander, ohne etwas geschafft zu haben!" Schweigen. „Meyer, Sie?" – „Ich habe einen Kundenbesuch, was alles in dieser Welt entschuldigt." – „Das stimmt. Hmmh. Müller?" – „Ich wollte einen Brückentag nehmen." – „Zum Zahnarzt??" – „Nein, äh, ich muss einen Tag in Ruhe meine Mails abarbeiten, ohne durch Meetings gestört zu werden." – Die Spannung im Raum steigt. Alle hoffen auf einen Ehrgeizling, der sich breitschlagen lässt, bevor der Chef als Nächstes anwesende weibliche Wesen anstiert, die meist nicht so destruktiv brüsk ablehnen. Kurz: Irgendwann wird für jedes ToDo ein Opfer gefunden.

Wer eignet sich als Opfer? Das sind einerseits die Bemühten und die Chefpunktesammler (bei Aufgaben, bei denen man sich bewähren muss) und es sind andererseits die Mitarbeiter am unteren Ende der Mistjobkette, die wenigstens irgendetwas tun sollten. Kurz: Die Leistungsträger und die Minderleister bekommen die Arbeit.

Dazwischen gibt eine große geheimnisvolle Zwischenschicht, die jeden Augenkontakt so geschickt vermeiden kann, dass es sie fast nie mit einem Zusatz- oder Night-Job trifft. Das sind die, die vielleicht an AAD leiden. Ja, oder der Chef leidet unter diesen.

Das sind nicht die ADD-Leute, die sich nicht auf die Arbeit konzentrieren können! Das könn(t)en sie. Sie befürchten auch keine Kritik, dazu sind sie zu durchschnittlich gut. Sie sind ja ganz normal oder bis zur Unsichtbarkeit okay. Verstehen Sie es jetzt besser? Das sind Leute, die eben nur die Aufmerksamkeit von sich ablenken und bestimmt nicht unter Unzulänglichkeitsscham wie die Schuldvermeider leiden. Sie leiden nur unter der Vorstellung, exponiert zu sein! Es ist AAD. Es handelt sich um einen mächtigen Komplex oder ein Syndrom – um ein persönliches Strategiebündel, das darauf abzielt, weder getadelt noch groß gelobt zu werden. Es ist die Durchschnittlichkeitssucht oder Expositionsangst.

AAD-Gestörte versuchen, in der Masse zu verschwinden und sich quasi ganz zu assimilieren. Sie ziehen sich unauffällig an, damit die Kleidung keinerlei Botschaft abgibt.

Sie kennen doch diese älteren Beamten, die Jahrzehnte einen grauen Anzug (denselben) tragen – dazu eine moderat wechselnde Krawatte, an die sich nach zehn Minuten keiner mehr erinnern kann. AADs brauchen eine Kleiderordnung, am liebsten „grauer Anzug vorgeschrieben für alle – ohne Ausnahme". Sie gehen nicht gerne irgendwohin, wo die Regeln nicht klar sind. Denn dort kann man mit Regelwidrigkeiten Aufmerksamkeit auf sich ziehen! Solche Situationen vermeiden sie. „Wer von Ihnen könnte einmal kurz die Ergebnisse Ihrer Arbeitsgruppe darstellen?" Tun sie nicht!

Die Philosophen behaupten, dass Menschen starke Triebe haben, die hohe Energien entwickeln, um an viel Geld, Macht, Sex, Ruhm, Ehre und besonders Aufmerksamkeit zu kommen. Die Psychologen glauben, dass sich jeder Mensch durch gute Leistungen auszeichnen will. Viele Manager erregen sich dagegen dauernd über Faulpelze, die man zum Jagen tragen muss.

Wenn wir uns die Glockenkurve der Leistungen vorstellen, gibt es am linken Ende die Besserleister, das sind wenige Mitarbeiter, die den Laden vorantreiben. Auf der rechten Seite der Glocke sind dann die Minderleister, die alles bremsen. Diesen beiden Gruppen gilt die fast ungeteilte Aufmerksamkeit der Lehrer, Manager, Psychologen und Philosophen.

Um diejenigen in der Mitte, um die große Masse also, kümmern sie sich nicht. Die sind fürs Erste irgendwie okay und eröffnen jedenfalls keine große Baustelle.

Atmen Sie bitte tief durch: Ist das nicht bestechend? Da bemüht sich eine ganz große Gruppe in unserer Gesellschaft, immer genau zwischen befriedigend und ausreichend zu operieren, um unsichtbar zu sein – und *sie wird tatsächlich nicht gesehen*, obwohl sie die Mehrheit der Menschen stellt. Soll das so sein bzw. so bleiben?

Gehen Sie die Extrameile!

Heute beschwören uns unsere Chefs, doch bitte noch die eine Extrameile zu gehen, besser gleich ein paar davon.

„Jedem steht die Karriere bis ganz nach oben offen. Auch ich habe es geschafft. Ich muss aber sagen, so wie sich hier die meisten ganz lasch geben, geht es nicht. Es ist wichtig, leidenschaftlich zu sein und Passion zu haben. Das Herz muss für die Arbeit beben, am besten 24 Stunden am Tag lang. Wer sich dazu entschlossen hat, so lange so hart zu arbeiten, kann aber nach neuesten Studien noch viel mehr leisten, indem er die volle Distanz von 24 Stunden auch noch zusätzlich smart arbeitet! Smart und nicht nur hart! Das steht jedem offen. Sehen Sie mich an, ich habe es geschafft. Natürlich gibt es Höhen und Tiefen auch bei mir. Man muss im Leben immer einmal mehr aufgestanden sein, als man hinfiel. Einmal mehr von Leidenschaft entzündet sein als ausgebrannt! Taschakka-Tschakka! Sie schaffen es, jeder für sich, wie ich es geschafft habe. Rufen Sie bei jedem Toilettenbesuch in den Spiegel: Tschakka-Tschakka! Sie müssen die treibende Kraft sein, übernehmen Sie die Initiative! Werden Sie zum Macher. Verwandeln Sie Ihre Arbeitsgruppe in ein Top-Excellence-High-Performance-Super-Speed-Team. Nur diejenigen Besten werden überleben, die Ihre Höhepunkte nach dem letzten Burnout feiern.

Ich will in diesem Unternehmen ein Leistungsfeuerwerk sehen, wie es noch nie jemand hat leuchten sehen! Ich rufe Sie auf, Teil des Feuers zu werden, das uns alle beseelt. Tschakka-Tschakka!"

Jetzt klatschen alle Beifall, alle: die Top-Performer, auch die Minderleister und besonders alle mit AAD. Wenn der Boss mit Tschakka-Tschakka kommt, will er doch uniforme Begeisterung sehen. Die beste Möglichkeit, in dieser Situation nicht aufzufallen, ist, wie wild zu klatschen – Business Dress und Business Clapping: Clap Your Hands Say Yeah!

Kennen Sie solche Kickoff-Meetings? Die werden vollständig von den AAD-Kranken beherrscht. Sie klatschen wie wild zu den Plänen des Top-Managements, den Gewinn zu verdoppeln. Leider wird eben dieses Top-Management durch das frenetische Jubeln vollkommen vernebelt und glaubt, jetzt mindestens 1000 Prozent mehr Leistungsträger im Unternehmen neu rekrutiert zu haben. In dieser Weise wird das Top-Management grausam getäuscht. Es müsste fragen: „Wer macht's?" Dann würden alle AADs wieder in peinliches Schweigen verfallen ...

Später wird es heißen: „Es ist so zäh. Man kommt nicht an sie ran. Wir sagen ihnen klipp und klar, alles muss sich verändern, aber sie arbeiten ihren alten Stiefel weiter, als sei nichts geschehen. Ich habe ihren Jubel gesehen, als ich Tschakka-Tschakka rief! Warum bekommen sie nun nicht ihren Hintern hoch? Ich fühle mich nach Strich und Nadelstreifen verars ... "

AAD-Leidende wollen in der Masse verschwinden.

- Sie wollen nicht auf der Bühne stehen, auch nicht, um dort einen Preis entgegenzunehmen.
- Sie melden sich nie freiwillig zu Sonderaufgaben.
- Sie übernehmen keine Verantwortung.
- Sie ergreifen keine Initiative. Driveless.
- Sie erteilen keine Befehle an andere.
- Sie erwarten konkrete Instruktionen für ihre Arbeit.
- Sie erkennen sich gegenseitig und tun einander nicht weh.
- Sie lieben das Grasen in der Herde und verweigern sich jeder Raubtierattitüde, die für jede Art von Ökonomie entscheidend überlebenswichtig ist. Fressen oder gefressen werden – sie lehnen es ab.
- Sie werden ununterscheidbar wie Zebras in großen Massen. Die Einzelnen lassen sich nicht individuell fassen.
- Bei persönlicher Ansprache oder auch Lob wittern sie, dass sie eine Zusatzarbeit bekommen werden.
- Sie sind besorgt, wenn Leute etwas über sie sagen. Sie sind nicht primär darüber besorgt, ob die Leute gut oder schlecht über sie reden. Sie sind besorgt, *wenn* die Leute über sie reden.
- Sie streben keine Macht und keinen Reichtum an.
- Sie haben keine Ambitionen und träumen nichts.
- Sie behaupten, sie seien zufrieden und das reiche ihnen. Sie können daher nichts leisten, weil man gewiss nur gut wird, wenn man nie zufrieden ist.

- Sie kleiden sich so unauffällig, dass man sie nicht bemerkt – wie in einer Zebraherde. Durch Zufall beförderte AADs tragen uniform schwarze Nadelstreifen, wie in einer Zebraherde.
- Sie behaupten, sie seien ehrbar schüchtern und alle anderen geltungssüchtig, leichtsinnig und arrogant.
- Sie leben in Reihenhäusern, die nur an dem Muster der Küchengardinen und der Rasenmähphilosophie unterschieden werden können.
- Sie grillen.

Wenn man sie heilen wollte, müsste man sie aus der Masse herauslösen, was sie aber in den Zusammenbruch triebe.

Heimlich lesen sie Märchen wie Aschenputtel, Geschichten von Stiefkindern und Mauerblümchen, von Heimchen und Nischenmenschen, die plötzlich erfahren, dass sie ein uneheliches Kind eines ausländischen Herzogs oder Fußballspielers sind, das nach endlosem Grasen in der Herde nur noch eine grausame Gegenspielerin besiegen muss, um dadurch ein unnatürlich abruptes Romanende zu erzeugen, weil sie sich ja nach dem glücklichen Ende in einer exponierten Position befänden und unglücklich würden.

Immer Befriedigend

Der Wettbewerb ist gnadenlos. Die Unternehmen verdrängen sich nach Möglichkeit und führen Vernichtungskriege. Es ist daher außerordentlich wichtig, dass jeder seine Extrameile geht. Exzellenz ist Mindestpflicht. Jeder Einzelne muss die Erwartungen des Managements übererfüllen.

Die AADs beugen sich keiner Logik in dieser Richtung. Sie arbeiten ungerührt nach ihren eigenen Erwartungen. Sie verständigen sich in der großen anonymen Masse auf eine allgemein gespürte Leistungsanforderung, die sie dem jeweiligen Chef oder Unternehmen unausgesprochen zugestehen. Dieses von ihnen irgendwie im kollektiven Unterbewusstsein abgestimmte Leistungsmaß behauptet sich trotz aller Motivation der Tschakka-Tschakka-Artisten, die gegen sündhaft hohe Honorare die Unternehmens-Kickoffs aufpeitschen.

AADs arbeiten hartnäckig befriedigend und sind damit kaum zu fassen. Manager können das kaum fassen.

- In der Schule sind sie befriedigend.
- Das Diplom bestehen sie mit Gut minus oder Befriedigend.
- Als Wissenschaftler liefern sie brave Impact Points ohne rechten Durchbruch.
- Als Informatiker sitzen sie vor den Monitoren und sind für Chefs nicht greifbar, es geht irgendwie befriedigend voran.

Change! Innovation! Disruptionen! Kreativität! Das machen sie nicht. Sie arbeiten Schritt für Schritt, Instruktion für Instruktion – unbeirrt.

In der Softwareentwicklung ist der Wettbewerb noch mörderischer als auf anderen Gebieten. Damit dort die Erfolge schneller eingefahren werden können, ist die ganze Entwicklerszene darauf angewiesen, noch härtere Extrameilen bergauf zu stürmen.

Die AADs aber haben sich längst auf das Arbeiten nach Instruktionen in so genannten Wasserfallmodellen geeinigt. Phase für Phase, Pflichtpunkt nach Pflichtpunkt muss erledigt werden.

Nun haben sich aber wegweisende Beschleuniger im Management mit Top-Experten zusammengetan, die AADs agile werden zu lassen, agile mit e hinten. Sie schwören die AADs darauf ein, die Initiative zu übernehmen und täuschen agile Instruktionsmodelle wie Scrum vor! Früher hat ein Top-Performer-Pflichtenheft-Stylist ein Großkonzept erstellt (wie beim Berliner Flughafen), das die AADs dann treu und brav befriedigend umsetzen konnten. Nun aber sollen alle Leute jeden Morgen neue Challenges besprechen, die sich ein hyperaktiver ADD-Kunde ausgeheckt hat.

Sie können nun alle noch so scrummen und dann screamen, wie sie wollen, es wird befriedigend.

Wie erkrankt man an AAD?

Tja, da muss ich an kurz wieder an die Thesen zur ADD-Entstehung denken. Es erscheint sicher, dass alle diese hier besprochenen Leiden nicht durch Bakterien und Viren übertragen werden. Daher muss der medizinische Sachverstand aufgegeben werden. Wir müssen ins Reich der Spekulationen vordringen. Es hat sich eingebürgert, bei ganz unbekannten Fragen über Menschen zwei Erklärungsursachen durchzufantasieren:

- Es ist genetisch vererbt bzw. ein biologischer Schaden.
- Die kindliche Umweltverziehung ist schuld.

Die erste Erklärungsspekulation hat viel für sich, weil man von Genetik fast nichts versteht und weil man daher über die Ursachen von Krankheiten genauso wie über die Existenz von schwarzen Löchern diskutieren kann. Die zweite These kann aber jeder mit offenen Augen in der nachbarlichen Umgebung bestätigt sehen. Laut Statistik leben fast alle Menschen in Häusern, in deren Umgebung die Erziehung schlechter ist.

Eine dritte Möglichkeit zur Erklärung gibt es fast nie, man hat es aufgegeben, jeweils eine dritte in Betracht zu ziehen. Eine dritte Möglichkeit würde die Pro-und-Contra-Diskussionen im Fernsehen und die Dialektik in der Wissenschaft verkomplizieren und Moderatoren wie Zuschauer überfordern.

Wenn ich so an meine Jugend zurückdenke, wurde eine Fünf in Mathe eigentlich allgemein verziehen, aber eine schlechte Note in Betragen und Fleiß nach Instruktion nicht. Lehrerumfragen nach der wertvollsten Eigenschaft junger Schüler erbrachten eine überwältigende Mehrheit für die Eigenschaft der „Zuverlässigkeit", die mit dem Lob „brav" unter mindestens virtuellem Haarestreicheln attestiert wurde. Das Wichtigste für den

Menschen war und ist wohl, eine wichtige Stütze in der Gesellschaft zu sein. Dazu stellt man sich die menschliche Gesellschaft wie eine Mauer vor, in der jeder Mensch eine wichtige Funktion als Ziegelstein hat. Diese Betrachtungsweise ist oft Thema in der Kunst gewesen, sie wurde vor allem als Hymne der Band Pink Floyd („The Wall") bekannt. Die Praxis hat diese Idee als Verschulung der Universitäten nach der Bologna-Reform aufgegriffen, da die Industrie argumentierte, nicht so viele promovierte Überflieger einstellen zu wollen – „Good Enough Menschen tun es auch. Das ist befriedigend." Denn eine Hauptströmung im Management fordert von Mitarbeitern: „Sie sollen nicht denken, sondern die Prozesskettenmauer schließen." Mut zur Mauerlücke dagegen kommt nur auf Extrameilenkickoffs vor. Will man uns dann doch alle bewusst infizieren, obwohl man das Gegenteil behauptet?

Es kann also schwer sein, *nicht* an AAD zu erkranken. Diejenigen, die es nicht erwischt, haben aber Abwehrkräfte gegen AAD gesammelt. Das ist gut oder schlecht, ich meine, die Abwehrkräfte werden lebenslang gebraucht.

Alle reden von Schwarmintelligenz, ja, die hätten sie gerne. Aber wenn man jemanden fragt, was ihm an seinem Job am besten gefällt, dann sagt er: „Meine eigene Arbeit." – Und was gefällt ihm am wenigsten? „Die Meetings, die sind so ätzend." Meetings wären eigentlich der Raum, in dem die Schwarmintelligenz entstehen und blühen könnte, nicht wahr? Das tut sie nicht, im Gegenteil. Darüber habe neulich ich ein ganzes Buch geschrieben, es heißt kurz und trocken: *Schwarmdumm*.

Shared Fate

Es gibt ja tonnenvoll Beispiele, in denen kleine Teams große Wunder vollbringen, etwa im Grimmschen Märchen „Vom Mäuschen, vom Vögelchen und der Bratwurst" oder im Film „Die sieben Samurai" von Akira Kurosawa. Da kommen Menschen, Vögel oder Würste mit ganz unterschiedlichen Talenten zusammen und stemmen Aufgaben, die ein Einzelner oder ein homogenen Team von lauter Hanswürsten nie und nimmer hinbekommen hätten! Das ist eine faszinierende Tatsache, die jedem aus den entsprechenden Texten und Filmen unserer Hochkultur einleuchtet.

Deshalb verdienen Coaches mit Teambuilding und Diversity so viel Geld. Sie fügen verschiedene Talente maßgeschneidert so genial zusammen, dass nun vom reinen Skill her Wundertaten vom Team zu erwarten wären. Fertig! Anschließend folgt nur noch die lapidare und selbstverständliche Aufforderung an die künstliche Talentgruppierung: „Seid ein Team und bildet jetzt sofort Schwarmintelligenz aus."

Das funktioniert so gut wie nie, wenn sich das Team nicht innerlich als eine feste Gemeinschaft verstehen will, die einer Vision verfolgt, ein gemeinsames Schicksal teilt oder für eine Gesamtaufgabe brennt. Ja, es gibt wirklich und wahrhaftig Fälle von Schwarmintelligenz, wenn sich Schwestern und Brüder im Geiste im Netz zu einer OpenSource-Aktivität

© Springer-Verlag GmbH Deutschland 2017

G. Dueck, *Im Digitalisierungstornado*,

https://doi.org/10.1007/978-3-662-54879-0_7

zusammentun – jeder opfert sich für die gemeinsame Sache! Und wenn jemand nicht mehr so unbedingt mittun möchte, verlässt er den Schwarm. Es verbleiben nur noch die Jünger der Sache an sich, sie bringen die Wunder zustande.

Im normalen Betrieb aber sitzen im Meeting viele Vertreter verschiedener Interessen, Bereiche, Parteien, Fachabteilungen, Talentgruppen und Gehaltsstufen. Sie fühlen nicht, dass sie ein gemeinsames Schicksal haben, obwohl das ja faktisch so ist – sie gehören schließlich ein und derselben Firma an! Ihr Innengefühl aber sieht die unterschiedlichen Perspektiven und Problemlösungsansätze wie in einem feindlichen Zusammenprall. Meetings werden nicht aus dem Gefühl eines Shared Fate heraus veranstaltet, nein, man muss diese Grundvoraussetzung in jedem Meeting immer wieder neu beschwörend hochhalten.

Denn sie zanken sich. Sie haben hidden Agendas. Sie wollen ein dickes Stück vom Kuchen. Sie wollen keine Zusatzarbeit aufgedrückt bekommen und vor allem: Die Anderen sind schuld.

Was kommt heraus? Ein immer wieder quälendes Patt im zähen Tauziehen. Unentschieden. Verschwendete Zeit, die niemandem genützt hat und jeden unter irrem Stressgefühl wieder an die eigene Arbeit entlässt.

Der Unterschied zwischen Räubern und Dummen

Ich liebe den Essay *Die Prinzipien der menschlichen Dummheit* von Carlo M. Cipolla. Er ist nicht beliebig gut geschrieben und man merkt dem Nichtnaturwissenschaftler einen gewissen frugalen Umgang mit Koordinatensystemen an. Er unterscheidet in einer solchen Darstellung Folgendes:

- X handelt so, dass es X und Y nützt („Win-Win-Klugheit")
- X handelt so, dass es Y nützt, nicht unbedingt X („unbedarfter Helfer")
- X stiehlt Y etwas, es nützt also X, schadet aber Y („Räuber")
- X schadet Y, ohne dass es X etwas nützt („Dummheit")

In diesem Sinne sind normale Meetings eine Brutstätte der Dummheit von Vielen (also eine Schwarmdummheit). Da sitzen Leute zusammen, die sich gegenseitig oder durch Zeitverschwendung insgesamt selbst schaden, ohne dass es ihnen selbst etwas nützt. Sie reden, diskutieren, wollen nicht loslegen oder handeln, sie vertagen, verschieben Entscheidungen, missverstehen sich fast regelmäßig, üben sich gleich darauf wieder in Konfliktbewältigung – alles zerfasert und nimmt immer neue Konfliktfäden auf.

Wie stöhnen heute über Politiker, die allen schaden, ohne dass sie wiedergewählt werden. Wir ächzen unter Managern, die nach endlos vielen Runden wieder nichts entscheiden. Wir gehen so oft am Morgen zur Arbeit und fragen uns auf dem Weg zum Meeting, wie es eigentlich sein kann, dass unsere Firma immer noch Gewinn macht. Wo ist der Trick dabei? Na, wenigstens das ist klar: Die Schwarmdummheit ist überall.

Cipolla formuliert einige Prinzipien der Dummheit, in Kurzform:

- Der Anteil der Dummen wird stets maßlos unterschätzt.
- Der Anteil der Dummen in einer Gruppe ist immer gleich, egal, ob es Fußballspieler oder Nobelpreisträger sind.
- Die klugen Menschen unterschätzen die Gefährlichkeit der Dummen in abstrusester Weise.
- Die Dummen sind unter den oben genannten Kategorien die Gefährlichsten.

Insbesondere ist – so folgern wir – Dummheit viel gefährlicher als Raub. Das müssen Sie erst einmal begreifen! Denken Sie bitte lange darüber nach. Es wird Ihre wichtigste Erkenntnis für eine Ewigkeit sein. Unsere ganzen Zeitungen und Nachrichten überschwemmen uns mit Meldungen von Raub, Managergier, Diebstahl, Business Cases für Investoren, Lügen und Intrigen. Die Kirchen kämpfen gegen die Sünde, die Philosophen gegen das Raubtier im Menschen.

Die viel gefährlichere Dummheit aber adressiert niemand. Ich habe nachgedacht, warum das wohl so ist. Liegt es an der Religion? Die Reichen und die Religionsbesitzer schmeicheln den Armen und Billighungerern, Gottes Kinder und sein Ebenbild zu sein – darauf fußt ein guter Teil der Herrschaftssysteme. Da kann man das Thema der Dummheit nicht zu sehr strapazieren, es passt nicht ins Machtkalkül.

Vielleicht wird deshalb die Dummheit ein bisschen unter ein taktvolles Tabu gestellt – und schon wird der Anteil der Dummen gnadenlos unterschätzt! Und weiter: Dürfen unsere Führungskräfte, Politiker, Professoren und Lehrerkollegien das Problem der Dummheit problematisieren, wo doch der Anteil der Dummen auch in ihren Reihen genau derselbe ist wie im Volk?

Gibt es Gesetze gegen Dummheit?

Nein, alle Maßnahmen dieser Welt richten sich gegen „Räuber", die anderen schaden, um einen Nutzen für sich zu ziehen. Menschen aber, die anderen schaden und sich selbst auch, sieht man das irgendwie nach. Wenn jemand im Meeting zu seinen Gunsten andere Interessen brutal ignoriert, wird er vielleicht bekämpft. Aber der Dumme? Ich habe schon einmal Techies beim Kunden so sagen hören: „Natürlich haben unsere neuen Produkte noch eine Menge Fehler." Das gibt eine Menge Schaden, auch für den Techie, der es gesagt hat. Der Kunde weiß ja im Grunde, dass es immer so ist, aber er überlegt nun länger über den Kauf nach, entscheidet nichts, geht in Meetings und schadet wieder anderen …

Gegen Räuber haben wir Philosophien, Kirchen, auch Religionen, Ethik, Moral, Juristen, Polizisten, Soldaten, Eltern, Lehrer, Fenstergitter, Tresore, Gewehre, Spamfilter, Controller, Gott, Bilanzprüfer und Jägerzäune. Da wird ein irrer Aufwand betrieben.

Gegen Dummheit haben wir eigentlich nur die Idee der Bildung entwickelt. Die oft falsch interpretierte Weisheit der Sesamstraße lautet: „Wer nicht lernt, bleibt dumm." Haha, das Lernen nützt ja nur etwas gegen Unwissenheit, weil die Dummheit unabhängig vom Bildungsgrad ist – das haben wir ja gerade erörtert … Tja, die meisten Menschen verwechseln Dummheit mit Unwissenheit!

Der Dunning-Kruger-Effekt

Hmmh, ich weiß gar nicht, wie ich diesen Effekt gut beschreiben soll. Er ist in der Wikipedia genial erklärt, ich zitiere ihn einfach hutziehend – sorry, ist etwas länger, aber wert, zur Kenntnis genommen zu werden:

> *Als Dunning-Kruger-Effekt bezeichnet man eine Spielart der kognitiven Verzerrung, nämlich die Tendenz inkompetenter Menschen, das eigene Können zu überschätzen und die Leistungen kompetenterer Personen zu unterschätzen. Der populärwissenschaftliche Begriff geht auf eine Publikation von David Dunning und Justin Kruger aus dem Jahr 1999 zurück. In der psychologischen Fachliteratur selbst spielt er bislang kaum eine Rolle, wohl aber in akademischen Publikationen außerhalb der Psychologie sowie in Blogs und Diskussionsforen des Internets.*
>
> *„Wenn jemand inkompetent ist, dann kann er nicht wissen, dass er inkompetent ist. [...] Die Fähigkeiten, die man braucht, um eine richtige Lösung zu finden, [sind] genau jene Fähigkeiten, um zu entscheiden, wann eine Lösung richtig ist. "*
> *– David Dunning*
>
> *Dunning und Kruger hatten in vorausgegangenen Studien bemerkt, dass etwa beim Erfassen von Texten, beim Schachspielen oder Autofahren Unwissenheit oft zu mehr Selbstvertrauen führt als Wissen. An der Cornell University erforschten die beiden Wissenschaftler diesen Effekt in weiteren Experimenten und kamen 1999 zu dem Resultat, dass weniger kompetente Personen dazu neigen,*
>
> - *ihre eigenen Fähigkeiten zu überschätzen,*
> - *überlegene Fähigkeiten bei anderen nicht zu erkennen,*
> - *das Ausmaß ihrer Inkompetenz nicht zu erkennen vermögen,*
> - *durch Bildung oder Übung nicht nur ihre Kompetenz steigern, sondern auch lernen können, sich und andere besser einzuschätzen.*
>
> *Dunning und Kruger zeigten, dass schwache Leistungen mit größerer Selbstüberschätzung einhergehen als stärkere Leistungen. Die Korrelation zwischen Selbsteinschätzung und tatsächlicher Leistung ist jedoch nicht negativ, höhere Selbsteinschätzung geht also tendenziell nicht mit schwächeren Leistungen einher.*
> *Im Jahr 2000 erhielten Dunning und Kruger für ihre Studie den satirischen Ig-Nobelpreis im Bereich Psychologie.*

Unwissende strotzen also vor Selbstbewusstsein. So ein Selbstbewusstsein kann man sich fachlich begrenzt relativ einfach erwerben, wenn man ein paar Semester studiert. Man ist dann noch fast ganz unwissend, hat aber keinen Grund, das selbst zu wissen. MBAs sind geradezu berühmt für ihr Selbstbewusstsein mit dem einhergehenden Talent zu SABTA („Sicheres Auftreten bei totaler Ahnungslosigkeit"). Informatiker haben dagegen einen unnahbaren Stolz, in einer bestimmten Lebensnische allwissend zu sein, was ja auf die MBAs auch zutrifft. Vielleicht macht das Studieren dumm? Man tankt Selbstbewusstsein, in einem Mini-Gebiet der Wissenschaft und in einem Micro-Gebiet des Lebens Herr zu sein und geht dann in Meetings zum Streit mit Menschen, die andere Nanoinseln besetzt halten?

Dunning und Kruger trauen sich nicht richtig an die eigentliche Sache heran. Sie sagen enttäuschend verharmlosend, man könne durch Lernen die Dummheit irgendwie wieder einfangen. Oh, das ist halbherzig … Das ist ein Hofknicks vor den Verlagen oder den Nobelpreiskomitees, okay, verziehen …

Halten wir fest: Dumme erkennen ihre eigene Dummheit nicht, und man kann ihnen das auch nicht beibringen, weil sie dafür zu viel Selbstbewusstsein haben. Wenn also ein Manager „So schwer kann das doch nicht sein … " sagt, dann haben Sie faktisch keine Chance. Das macht Ihren Manager so stark. Informatiker dagegen trumpfen anders auf: „So einfach ist das nicht." Das ist auch stark. Für alle solche selektiven Teilintelligenzen haben wir Vokabeln: Fachidiot, Blindgänger, Korinthenkacker, Nerd, Worthülsenfontäne, Geek, Hohlkopf und so weiter.

Von der Satire im Einzelnen zur Wirklichkeit des Teams

Die selektiven Teilintelligenzen treffen sich dann zu Meetings. Da sitzen dann in ihrem jeweiligen Fach absolute Koryphäen und diskutieren irgendein Ganzes, das eigentlich mit der Summe der Teilintelligenzen nicht verstanden und nicht adäquat diskutiert werden kann.

Es müssen doch Brücken möglich sein! Am besten sollten die Teilnehmer einen Meta-Standpunkt einnehmen können, um – wie Einstein immer sagt – das Problem auf einer höheren Ebene zu lösen als der, auf der es entstand.

Es hilft auch nicht, wenn ab und zu ein Einzelner im Team einen Metastandpunkt hat oder einnehmen kann. Die anderen wollen oder können es nicht, sie ziehen ihn mit dem sehr selbstbewussten Gehabe ihrer Teilintelligenz vollkommen nieder. Warum tun sie das? Die Teilintelligenzen haben Teilsorgen, wo ihnen das Hemd am nächsten ist.

Wie entstehen diese dauernden Sorgen, die sie so entzweien?

Meistens beginnt die allgemeine Schwarmdummheit durch einen einzigen Vorsatz des obersten Bosses, der ihn für schlau hält. Er besagt: „Wie setzen uns ohne Wenn und Aber das notwendig ehrgeizige Ziel, doppelt so schnell zu wachsen wie der Markt." Damit beginnen die Sorgen aller, das ist aber so gewollt! Wir werden sehen, dass dieser Vorsatz dem Unternehmen schadet, also niemandem nützt. Er ist also im Sinne von Cipolla dumm.

Die Forderung „doppelt so viel" entfaltet eine ganz fiese Wirkung. Sie klingt zwar etwas verwegen, aber doch irgendwo in ehrgeiziger Reichweite. Deshalb wird sie im Meeting nicht einfach als Luftnummer gesehen, sondern ernsthaft diskutiert. Die Forderung ist aber anderseits zu wenig ehrgeizig! Würde man zum Beispiel fordern, dass die Firma sich verdoppeln sollte, dann wäre jede Problemlösung nur absolut außerhalb des Tagesgeschäftes zu finden. Ganz klar! Man MÜSSTE auf die Metaebene oder aus der Komfortzone heraus. Man müsste Ungewöhnliches tun und denken. Wenn aber ein normales Unternehmen doppelt so schnell wie der Markt wachsen soll, also nur ein paar Prozent mehr, dann denken die meisten Manager in aller Einfalt, man könne die Herausforderung mit Überstunden, Extrameilen und heller Begeisterung für freiwillige unbezahlte Mehrarbeit angehen.

Beim ersten Mal – leider gibt das den Managern dann für immer Recht – klappt das sogar. Die Mitarbeiter opfern einen Teil des Privatlebens und schaffen alles wie gewünscht, in den nächsten beiden oder drei Folgejahren opfern sie das ganze Privatleben. Gleichzeitig versuchen sie alle immer schneller zu arbeiten, wo sie ja nicht mehr länger arbeiten können.

Jetzt wird die Arbeit in Hetze und Hochstress erledigt … Keiner schaut mehr rechts und links, um auf jeden Fall noch einmal doppelt so schnell wie der Markt zu wachsen.

Jeder Einzelne weiß:

- Die sich immer weiter steigernde Hetze wird zum Burnout führen.
- Sie erzeugt Qualitätsmängel und Ärger mit Kunden.
- Die Dauernervosität im Team verursacht Reibung und unendlichen Abstimmungsbedarf in Meetings.
- Alles Nachhaltige wird aufgeschoben, weil das Tagesgeschäft alles andere auffrisst.
- Jeder Wandel misslingt unter Stress; wenn also Wandel notwendig würde, wird er verschlafen.
- In Not sollte man die eigenen Interessen eher hintan stellen und auf das Wohl des Ganzen schauen, nicht nur auf das der eigenen Abteilung.

Jeder Einzelne hat alle solche Einsichten, die zum Gelingen im Ganzen notwendig sind. Aber alle diese intelligenten Einzelnen verfallen im Team immer wieder in niederziehendste Schwarmdummheit. Sie hetzen weiter. Sie streiten weiter. Sie sitzen in Meetings und schaden sich. Intelligenz nützt nichts, weil die Dummheit zu groß geworden ist. Die Hetze kommt ja von ganz oben, manchmal auch vom Eigentümer und von der Börse. Man kann den Stress also kaum lokal lindern, ohne gegenüber seinen Vorgesetzten sehr tapfer zu sein. Die Einzelnen sind zwar intelligent, aber eben nicht tapfer …

Vom Book Smart zum Street Smart

Früher, da waren wir Book Smarts, da haben wir alles nach bewährten Regeln und Traditionen abgearbeitet! Es war alles richtig und abgesichert, was wir taten. Wir hielten uns an Vorschriften, wir gingen keine unvertretbaren Risiken ein, wir lieferten die geforderte Qualität und legten für unsere eigene Meisterehre noch einen Schnaps drauf.

Die Hetze aber verleitet uns, auf Abwegen Abkürzungen zu suchen. Wir werden opportunistisch und versuchen, mit List und bald auch mit Tücke Vorteile gegenüber anderen zu erringen. Wir übervorteilen die Kunden ein bisschen, schönen die Zahlen, ordnen uns fremde Verdienste zu und passen uns überall geschmeidig an die Lage an. Wir werden Street Smarts – Menschen, die im Slum und auf der Straße leben und mit dem ewigen Mist im elenden, gewaltreichen Leben klarkommen müssen. Wir sehen zu, dass wir durchkommen. Wir haben keinen Nerv mehr, für andere zu sorgen, die neben uns krank werden oder entlassen werden.

Wir sind jetzt Street Smarts geworden, jeder für sich.

Die Meetings werden zu Bandenkriegen, wir schönen die Zahlen für den Chef, den das nicht stört, weil er sie sonst für seinen Chef selbst schönen müsste. Wir heizen in der

Wohnung nur noch das Thermometer, das spart viel Energie – und es zeigt stetes genau die Wärme an, die der Chef von uns erwartet.

Jetzt bleibt der Erfolg im zehnten Jahr der Hetzesteigerung ganz aus. Wir können nicht mehr. Da kommen die Controller und prüfen, was bei uns abgeht. Sie stellen fest, dass wir die Vorschriften missachteten und alles im Chaos versank. Jetzt verlangen sie drakonisch, wieder zur Qualität und Exzellenz zurückzukehren – so, wie die paar extremen Book Smarts in der Finanzabteilung das ganz naiv erwarten. Die Dummheit nimmt zu.

Die Dummheit steigert sich in eine Neurose, die Zustände werden noch chaotischer und eigentlich schon verrückt. Was denn nun? Sollen wir hetzen oder schön ordentlich arbeiten?

Die Bosse stellen fest, dass wir die Ziele nicht mehr schaffen und auch in der Qualität nachlassen. Sie merken, dass wir grenzwertig mit den Vorschriften umgehen. Es hagelt Kundenbeschwerden, die man noch nicht so ernst nehmen muss, weil ja alle Unternehmen von Schwarmdummheit erfasst sind. Die Bosse grübeln, wo wohl die Wurzel des Übels liegen könnte. Sie holen sehr teure Berater. Und die sagen: Es fehlt an Begeisterung.

Der Boss schaut sich um. Es fällt ihm wie Schuppen von den Augen: Ja, es ist keine Begeisterung in den Augen der Street Smarts, sie wirken müde und schmutzig. Der Boss sieht den teuren Berater an: „Es stimmt, sie sind nicht begeistert – ich ja auch nicht, aber nur vom Ergebnis nicht, von mir schon!" Der Berater lächelt und murmelt: „Mein Rat ist unbezahlbar."

Tschakka! Tschakka!

Eine neue Industrie entsteht. Die Gurus kommen in Massen. Ihre Botschaft heißt: „Tschakka! Tschakka! Du schaffst es! Du kannst es! Du muss es wollen! Du bist der Star! Du magst dich! Du liebst deine Leistung! Du bist der Leader!" Die Mitarbeiter werden in Arenen versammelt, um diese Botschaften zu vernehmen, dass die Macht mit ihnen sei.

Die Gurus trommeln und befreiungsschreien auf den Veranstaltungen, Abgestürzte stehen auf, Nackte springen durch Feuerreifen und Gladiatoren ringen Elefanten nieder. Die Botschaft ist immer dieselbe: Das kann jeder, besonders auch du!

„Alles ist Motivation, Einstellung und Team! Die Haltung bei der Arbeit ist das Entscheidende, auch und gerade bei Stress, Enttäuschungen und Rückschlägen. Jeder muss nur einmal öfter aufstehen als hinfallen. Scheitern ist normal – das steckt der wirklich Motivierte weg. Es gilt, für die Firma da zu sein, erst dann für die Abteilung, zum Schluss für sich selbst! Die Firma ist alles. Für sie ist keine Extrameile zu wenig und kein ehrgeiziges Ziel zu hoch gesteckt! Wir müssen doppelt so schnell wachsen wie der Markt. Es wäre doch gelacht, wenn wir nicht besser wären als unsere schlappen Wettbewerber. Die sind müde und ausgelaugt, sie haben keine Strategie wie wir, keine geniale Führung und bei Weitem nicht so tolle Mitarbeiter wie die, die ich gerade im grellen Scheinwerferlicht der Bühne nicht genau sehen kann. Ich stelle mir Eure Augen vor, so glänzend wie das Licht, das auf mich fällt … Es fühlt sich verdammt gut an, ein Team zu haben, das alle Ziele erfüllt, egal welche und egal wie. Dabei haben wir Euch jedes Jahr immer weniger Mittel zur Zielerfüllung genehmigt. Toll!"

Es ist nicht Gier!

Journalisten schreiben zunehmend unter absoluter Hetze nur noch mehr oder weniger ab, sie sind meist nur noch Freelancer ohne Chance auf eine Dauereinstellung. Sie arbeiten jetzt als Street Smarts und hasslieben als solche die Gewinner da oben, wo früher die Journalisten noch in den Privatflugzeugen der Mächtigen mitflogen und an der Macht teilhatten. Diese Unmächtigen haben irgendwie gemeinsam beschlossen, dass die Bosse gierig sind. Dabei werden die doch auch geprügelt – von den Aktionären oder den teuren Beratern.

Alle Medien sind voll von triefender Gier.

Gier mag es geben, ja. Beispiele dafür werden von den Journalisten zuhauf aufgetrieben. Immer wieder verdient jemand abstrus viel, ohne etwas zu leisten. Ja!

Aber in der großen Breite ist es nicht die Gier. Es ist resignierte Schwarmdummheit.

„Warum schreist du deinen Chef nicht einmal extrem laut an, diese Sau?" – „Du, er ist keine Sau, nur ein armes Schwein, er hat noch mehr Stress als wir."

„Die Fluggesellschaft sagt seit einer Stunde immer wieder, wir würden in zehn Minuten starten! Diese Säue!" – „Komm, was soll der denn sagen, er muss es sagen, er ist ein armes Schwein. Ich habe auch so einen Beruf, wo ich lügen muss, und ich hasse so arrogante Menschen wie dich, die diese Lügen nicht respektieren."

Schwarmdummheit.

Überall Schwarmdummheit.

Verlangen Sie nicht, dass ich jetzt noch in zwei Sätzen sage, wie Sie sich retten können (ein paar finden Sie im Buch zur Kolumne). Allein haben Sie ja ohnehin keine Chance zu entrinnen, Sie sind ja Teil des dummen Schwarms.

Lesen Sie *Die Nashörner* von Ionesco.

Vertiefen Sie sich in *Die geschlossene Gesellschaft* von Jean-Paul Sartre. „Die Hölle, das sind die anderen." Aber nein, die Hölle ist die Schwarmdummheit. Man kann ihr nur entgehen, wenn man es versteht, permanent grundlos begeistert zu sein. Tschakka! Tschakka!

Vor einigen Wochen bin ich vom Magazin t3n wieder einmal gebeten worden, das neue Jahr 2015 mit einer „Mega-Trend"-Prognose zu beginnen. Für das Jahr 2014 hatte ich die Verfestigung der Idee selbstfahrender Autos vorausgesagt – dass sich diese Spinneridee langsam emanzipiert und die Auslachphase beendet. Bisher hatten sich die Autokonzerne nur arrogant gezeigt. „Google kann das doch nicht, es ist eine Suchmaschine. Google-Autos fahren zwar schön selbst, aber sie sind nicht so wunderschön wie Autos aus Süddeutschland." Und nun kommt 2015:

Mentale Akzeptanz, dass das Internet tatsächlich Umwälzungen erzeugt

Unter dieser Headline beschrieb ich die folgende Tendenz:

„Unternehmensführungen erkennen nun klarer, dass evolutionärer Schritt-für-Schritt-Wandel nicht hilft, auch keine weiteren Überstunden und grundlose Begeisterung. Alte Businessmodelle werden obsolet, ja – und das wird nicht mehr schwarmdumm verleugnet. Frust setzt ein. Was tun? Erste Handlungsenergien sammeln sich schon. Bald geht es los, auch in Deutschland. Wer es akademisch erklärt haben mag, google unter Elisabeth Kübler-Ross' Grieving Process = Denial-Anger-Bargaining-Depression-Acceptance (Ein Schwerkranker akzeptiert nach langem Ignorieren und Zetern seine Diagnose und auch, dass er jetzt etwas tun muss)."

Na, ich musste es ja kurz und knackig halten, es soll auch ein emotional-storytellender Touch dabei sein, damit Sie davon ergriffen und angehoben werden und dann tätig mithelfen, meine Aussage selfzufulfillen.

Immer mehr Unternehmen hören jetzt mit ihrem Hochmut und dem dann folgenden Gejammer auf und lachen nicht mehr so laut, wenn ich bei Vorträgen verkünde: „Das Internet geht nicht mehr weg." Bald ist es nämlich sogar wirklich da, wenn die Bundesregierung

© Springer-Verlag GmbH Deutschland 2017
G. Dueck, *Im Digitalisierungstornado*,
https://doi.org/10.1007/978-3-662-54879-0_8

die seit zehn Jahren bei den IT-Gipfeln begeistert verkündete Absicht umsetzt, Glasfaserkabel verlegen zu lassen, um Anschluss an Südafrika zu halten. Die Regierung und insbesondere die Bundeskanzlerin haben 2014 verstanden, dass es da ein gewisses Neuland zu erschließen gilt. Huih, das gibt ganz neue Berufsgruppen: Neulandwirtschaft, darauf sollten Ministerialbeamte umgeschult werden!

Diese ganze Bewegung des so genannten Alten scheint nach einem immer gleichen Muster abzulaufen. Diese will ich Ihnen heute aus meiner Sicht darstellen. Sie kennen wahrscheinlich schon seit 15 Jahren die Darstellung der Entwicklung des Neuen mit Hilfe der Gartner Hype Curve. Sie geht aber nicht auf das Alte ein. Für das Alte schlage ich hier eine gesonderte Betrachtungsweise vor, die für mich eine wichtige Lücke schließt. Die Hybris Curve, die ich Ihnen heute vorstellen will, war schon Thema in meinem 2013 erschienenen Buch *Das Neue und seine Feinde*. Dort finden Sie weitere Gedanken zu diesem Problem.

Die Gartner Hype Curve und das Tal der Tränen

Jackie Fenn beschrieb 1995 als erste den Reifegrad technologischer Entwicklungen bei der Gartner Group mit Hilfe der heute weithin bekannt gewordenen *Hype Curve.*

Diese zeige ich Ihnen in der folgenden Abbildung (Abb. 8.1). Alles in der Grafik ist in Englisch – auch diese Kurve mit ihren amerikanischen Bezeichnungen gehört heute exakt

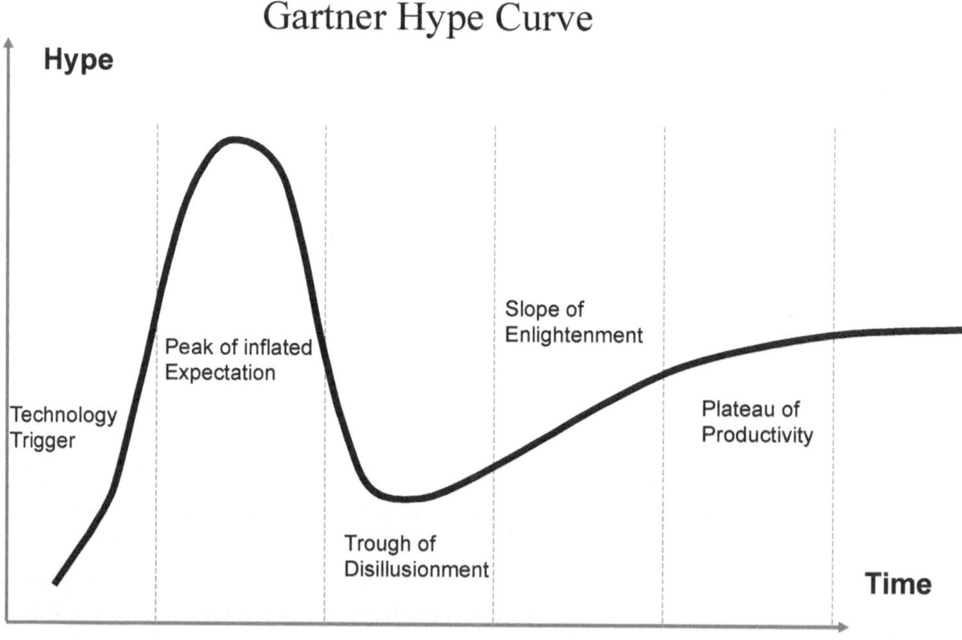

Abb. 8.1 Gartner Hype Curve

so zum Allgemeinwissen der IT-Berater. Außerhalb der IT ist diese Betrachtung gar nicht so bekannt, wie ich immer dachte. Wo stehen zum Beispiel die Elektroautos? Schon weiter rechts, oder? Wo steht der Wärmepumpentrockner?

Wenn Sie meine Kolumnen immer brav gelesen haben, wissen Sie es noch: Ich wurde Anfang 2009 von der IBM betraut, ein neues Wachstumsfeld rund um „Dynamical Infrastructure" zu erschließen. Darunter zählte man Virtualisierung von Speicherplatz und Servern. Diese waren in der Gartner Hype Curve der „Trigger". Ich begann hier an dieser Stelle, Sie für diese Ideen zu begeistern. Ich versuchte, einen großen Hype zu erzeugen: Es ist so wichtig, die Stromnetze IT-technisch zu integrieren! Smarter Grid! Man sollte die Verkehrsstrukturen überdenken, Smarter Cities sollten entstehen. Die ganze Bewegung wurde von der IBM unter „Smarter Planet" marketingmäßig vorangetrieben. Daraufhin stieg die Beachtung in der Presse langsam an. Nur die Techies maulten leise, sie fanden das Ganze übertrieben: „Virtualisierung machen wir schon lange, nur nicht mit so viel Wind wie du!" Und die Dinosaurier sagten wie immer: „Auf dem Mainframe sind alle diese Ideen schon seit Jahrzehnten implementiert." Gleichzeitig baute Amazon seit 2006 schon an der EC2, der „elastic cloud", und machte schon kleinere Umsätze. Im Laufe des Jahres 2009, als ich eben wie gesagt „DI" propagierte, fingen viele Leute plötzlich an, von „Cloud" zu reden. Man wusste nicht so genau, was es sein sollte, aber „Cloud" wurde fast blitzschnell zum Buzzword Nummer 1. Intern wurde ich aus der IBM Corporation immer dringlicher gefragt, wie hoch denn die Cloud-Umsätze des Unternehmen wären. „Das ist noch Hype!", antwortete jetzt auch ich und wusste gar nicht, welche Kundenverträge jetzt Cloud sein sollten oder nicht. Es war gar nichts definiert – nirgendwo! Gartner meinte damals, der größte Hype sei etwa im August 2009 gewesen. Seitdem wurde langsam konkreter darüber diskutiert. Gibt es schon eine Cloud, was immer es ist? „Is it real?" Dann zeigte man sich gegenseitig die Amazon-Web-Services-Seite, aber „das ist doch nie und nimmer das, was man braucht". Bald aber gab es so etwas wie Cloudlösungen. Dann fragten alle, besonders in Deutschland (und bis heute): „Ist es sicher?" Irgendwo da war das Tal der Tränen in der Gartnerkurve. Allen war klar: Cloud ist noch kein reifes Konzept. Man musste geduldig bauen und lernen. Und seitdem geht die Kurve wieder langsam nach oben. Die Stufen sind: „Cloud? Was ist das?" – „Cloud? Wozu soll das gut sein?" – „Aha, Cloud rettet die Welt!" – „Heute wollen wir in der Tagesschau allen Nichtexperten erklären, das die Cloud unser Leben grundlegend verändert, dazu haben wir die Sendezeit auf 30 Minuten verlängert." – „Auf der CeBIT war mehr Schein als Sein, sie machen Wind und haben nichts!" – „Es funktioniert vielleicht für die eine oder andere Anwendung, aber es ist nichts Neues." – „Welcher Idiot wird seine Daten oder Dates im Netz speichern? Da sind sie nicht sicher, da weiß doch der Geheimdienst alles, es wird gehackt und spioniert." Und heute: Alles kommt in die Cloud. Geheimdienst? „Egal." Blutdruck im Rahmen von Lifelogging im Internet? „Lasst uns doch den Spaß." Es sind keine zehn Jahre seit der Wortschöpfung „Cloud" vergangen, es ist gerade fünf Jahre her, dass das Wort einigermaßen flüssig benutzt wird. Und heute sind wir in der Cloud.

Den Weg des Hypes, der folgenden Enttäuschung und irgendwann des finalen Durchbruchs haben wir in den letzten 25 Jahren oft gesehen:

- „Handys? Wozu?"
- „Digi-Cams? Nie wird irgendetwas meine Nikon ersetzen!"
- „Bildtelefon? Soll man mich im Home-Office im Pyjama sehen? Skype?? Was ist das?"
- „Internet-Banking? Nie, das ist unsicher."
- „Shoppen im Netz? Die betrügen dich doch!"
- „Ganz ohne Atomstrom? Wie denn?"

Wir haben die Diskussionen bis zum Erbrechen geführt, jetzt haben wir gerade die selbstfahrenden Autos am Wickel.

Die Hybris Curve oder der Triumph vor dem Fall

Die Journalisten machen den Hype. Sie jubeln etwas hoch und verdammen es wieder. Das Hochjubeln bringt neugierige Aufmerksamkeit und eine große Erwartung an das Neue. Leider vergessen alle, dass das Neue erst in ein paar Jahren kommt, in ein paar Jahrzehnten oder gar nicht. Im Grunde ist die Enttäuschung schon vorprogrammiert. Dann aber, wenn die Enttäuschung da ist, wird von den Medien lustvoll brutal draufgehauen. Dann folgt Stille. Man könnte denken, das Neue ist jetzt weg. Das Alte lehnt sich zufrieden zurück und stellt erleichtert fest: „Es ist wieder weg." Ich habe geschworen schon öfter gehört: „Das mit dem Internet ist so eine Mode. Das geht wieder weg."

Die Gartner Hype Curve stellt dar, wie der Reifegrad einer neuen Technologie mit dem positiven Presseecho darüber zusammenhängt.

Jetzt lassen Sie uns aber nicht auf das *Presseecho* schauen, sondern auf den *Grad der positiven Stimmung in den Führungsetagen der großen etablierten Unternehmen.*

Ich habe dazu eine andere Kurve entworfen, die „Hybris Curve" des hohen Mutes in den Vertretern des Alten. Kurz zum Namen: Ich weiß, dass man im Amerikanischen „Hubris" sagen muss, aber Hype & Hybris sehen nebeneinander einfach zu schön aus, oder nicht? Meine Hybris Curve habe ich nun in der folgenden Abbildung (Abb. 8.2) über die (gestrichelte) Gartner Hype Curve gelegt.

Stellen Sie sich eine verrückte Idee vor, zum Beispiel Anno 1995: „Alle Kinder ab 3 Jahren sollten einen eigenen Desktop haben, damit sie später alle Abitur machen." Das ist damals eine vollkommen flockige Äußerung gewesen. Sicher, es gab Enthusiasten oder Protagonisten dieser Idee, die sofort naiv jubelten. Die Presse berichtete das, und Sie haben es ja damals so ungefähr gehört. Die Vertreter des Alten aber zuckten nur mit den Achseln. Sie sagen (siehe Kurve): „Spinnen die? Wissen die, wie viel ein Desktop kostet? Außerdem haben die Lehrer keinen Desktop und können ihn nicht bedienen. Man braucht auch erst ein Gesetz, dass Lehrer einen Desktop gestellt bekommen. Dann muss die Schule einen Monat geschlossen werden, damit die Lehrkräfte Desktop-Lehrgänge an attraktiven Lernorten belegen können – ohne Prüfungsbestehensangst." Bald kommt die Idee irgendwann in die Presse, man sagt ein Goldenes Bildungszeitalter voraus. Nun

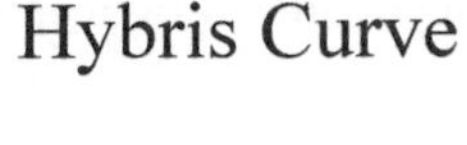

Hybris Curve

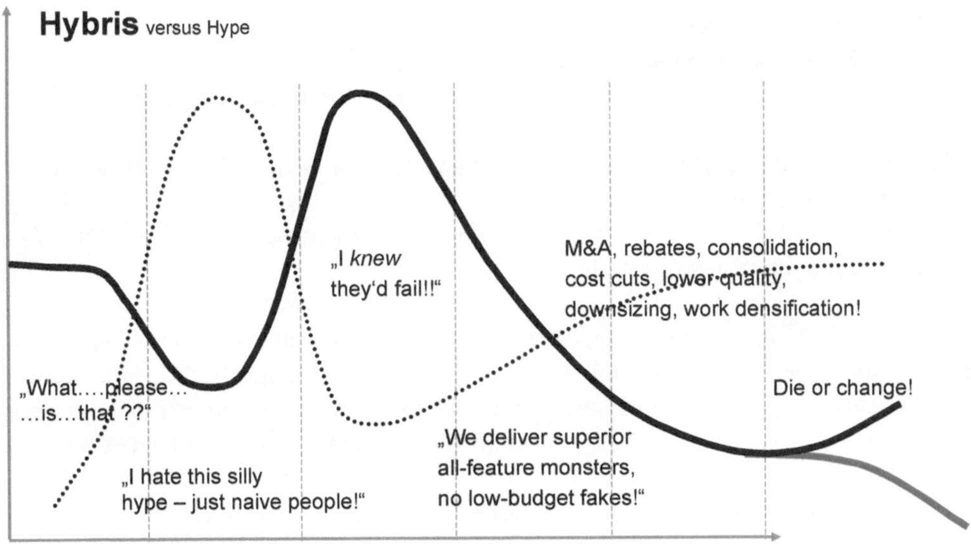

Abb. 8.2 Hybris Curve I

werden Schulbuchverlage und Lehrer (das Alte) befragt, ob man sie eventuell zumindest teilweise abschaffen kann. Die werden jetzt böse und lachen sehr grimmig. „Leute, als diese Idee aufkam, war es schon absolut klar, dass sie offensichtlich blödsinnig ist, ich musste hell lachen. Träumt weiter, habe ich gedacht. Aber ich finde es jetzt doch etwas weitgehend, mich nun selbst dazu allen Ernstes äußern zu sollen. Da kann mir nur bitter aufstoßen, dass Sie sich von der Presse an so etwas naiv und blind dranhängen und über platte Dummheiten berichten wollen. Steckt da irgendwer mit Geldinteressen dahinter? Seid ihr alle verrückt geworden?" Dann spenden ein paar Millionäre zehn Testschülern eines Privatinternats mit Kindern überfordert-geschiedener Reicher einen Desktop. Leider hat die Schule kein Internet und Lernprogramme gibt es auch noch nicht. „Seht ihr?", hetzt das Alte, „Ich wusste es!"

In der nächsten Stufe beginnt das Neue zu lernen. Ja, Programme müssen her. Ja, Desktops sind nicht gut. Die Zeit vergeht. Tablets kommen auf, auch Apps in Smartphones. Nun dämmert es langsam allen, dass die Kreidezeit in der Schule vorbei sein könnte, das Quartär bricht an, die vierte Revolution (die Wissensgesellschaft). Nun spuckt das Alte Gift und Galle: „Ein richtig guter Lehrer ist nie durch eine App oder ein Video zu ersetzen! Nie! Apps können immer nur Notlösungen sein!" Langsam aber wendet sich etwas. Ein Lehrer kostet vielleicht 100.000 Euro im Jahr, und der Naive fragt sich: wie viele Tablets mit Internetflatrate kann man kaufen, wenn man einen von ihnen einspart?

Lesen Sie heute die Reaktionen des Alten auf alles Mögliche:

- „Ich kann besser fahren als ein Selbstfahrauto.“
- „Echte Bankberatung kann das Internet nicht bieten.“
- „Die Produktrezensionen von Amazon sind Schrott, die Beratung im Warenhaus ist viel besser.“
- „Wir warnen davor, etwas in einer Internetapotheke zu kaufen. Der Apotheker kennt sich viel besser mit Aspirin aus.“
- „Niemals wird sich ein Deutscher privat ein Auto mit jemandem teilen, es gibt sofort Streit, wer es am Samstag wäscht.“

Ich will das Alte nicht schlecht machen, wenn es sich so in hitzige Häme hineinredet. Diese Häme aber ist so etwas wie die Vorbereitung des eigenen Todes. Solange das Alte immer nur lacht oder ergrimmt, sich in hochmütiger Freude ergießt und dann am entstehenden Neuen herummäkelt – so lange muss es selber nichts tun. Und es tut auch nichts.

Und irgendwann ist das Neue da. Im Internet ist alles billiger, das Internetbanking funktioniert, es gibt Tablet Apps für alles, bald hat jedes Kinde sein eigenes Tablet und zum nächsten Weihnachtsfest ein gutes Smartphone (das vor Jahren 100 Euro im Monat an laufenden Kosten verschlingen konnte, und wofür heute oft 7,99 Euro Flatrate reichen, das ist ein Unterschied!).

Jetzt beginnt das Alte zu rätseln. Tatsächlich: „Wir sind zu teuer. Die Leute sind vom Billigwahn des Neuen angezogen. Wir müssen kostenmäßig gegenhalten.“ Jetzt beginnt das Alte mit Sparrunden. Heimlich wird die Qualität kompromittiert. Die Banken stellen Billigzeitberater ein, im Warenhaus sind Ungelernte ohne Ahnung, die angeblich gegenüber eBooks so haptischen Leineneinbände verschwinden aus Kostengründen, der angebliche Qualitätsjournalismus liest nicht mehr Korrektur. Das Alte beginnt zu siechen, es verrät im hinhaltenden Widerstand die eigenen Werbebotschaften, es verliert seine Ehre als Marke. Und nun? „Change or die.“

Diese Entwicklung in der Stimmung des Alten möchte ich eben in der Hybis Curve ausdrücken. Da ich die Wortwahl wie etwa „trough of disillusionment“ in der Gartner Kurve so schön finde, habe ich mich ebenfalls einmal dichterisch aufgerafft und ein englische Finalversion der Hybris Curve versucht. Hier ist sie (Abb. 8.3):

Auf anfängliche Arroganz/Ignoranz folgt der Zustand „I am not amused“, danach der Gipfel hochmütiger Freude, dann der Versuch, das Neue schlechtzumachen, weil das Alte ja „Premium“ ist. In allen diesen Phasen tut das Alte eigentlich nichts. Und irgendwann ist es so weit: Man ruft nach Innovation! Die hat man doch die ganze Zeit in Hochmut verpackt! Dann redet man von Reinvention! Von Change! Hier ist es meist zu spät. Das Neue hat unter der Häme des Alten lange Zeit üben und experimentieren können. Es hat unendlich viel gelernt und die Kunden verstanden.

Hybris Curve

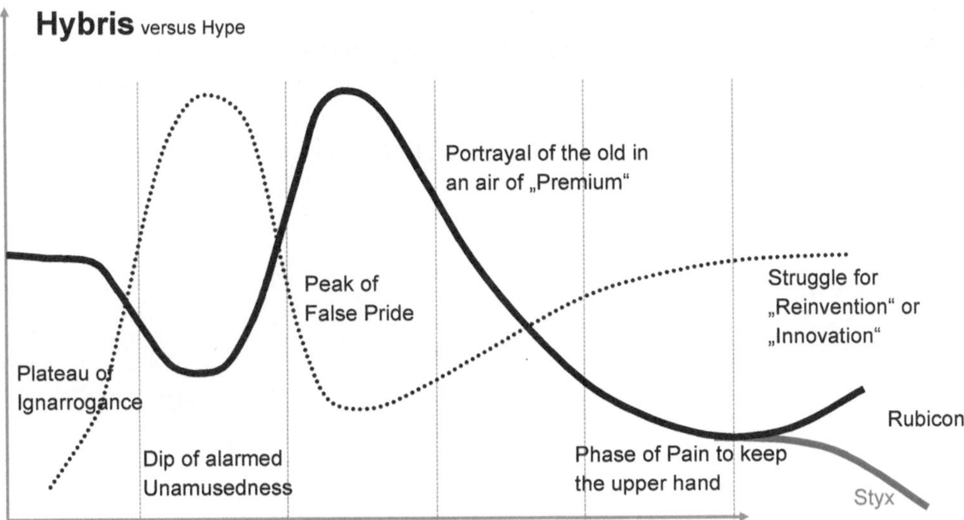

Abb. 8.3 Hybris Curve II

In dieser letzten Phase sind heute viele alte Geschäftsmodelle. Sie erkennen, dass die Innovationsbemühungen zu lange ruhten. Ich zeige manchmal auf meinen PowerPoints einen 100-Jährigen mit einem Neugeborenen im Arm, er sagt liebevoll: „Du wirst mich einmal im Alter ernähren."

Diese letzte Phase erinnert an den schon genannten Grieving Process = Denial-Anger-Bargaining-Depression-Acceptance. Wenn ein schweres Problem auftritt (etwa eine schwere Erkrankung), dann wird sie zuerst verleugnet, dann ärgert man sich, hadert mit dem eigenen Schicksal, hofft irgendwie doch noch davonzukommen („ich nehme sicherheitshalber doch noch zusätzlich Globuli") – ja, und dann kommt die große Depression, nach der man nach langer Zeit sein Schicksal endlich anerkennt und akzeptiert. „Okay, eine Amputation." – „Okay, Solarenergie, selbstfahrende Autos, Billigversicherung gegen nachgewiesen gesundes Leben, eBooks, Tablets in einer Grundschule ohne Schreibschrift, Olympische Spiele mit der Disziplin Dota 2."

Aber ein einfaches „Okay, dann gehen wir die Änderungen mit" ist nicht genug. In der Phase, wo das Alte wankt und besiegt erscheint, triumphieren die Neuen. Sie arbeiten voller Begeisterung im Erfolgsrausch! Das ist Eustress – positiver Stress. Das Alte aber ändert sich unter Zwang, es akzeptiert widerwillig den Wandel. Es engagiert harte Change-Manager, die das alte Modell umbiegen könnten. Das gibt Distress – negativen Stress.

Was ist besser: Eustress + neu im Business? Oder Distress mit 100 Jahren Vorerfolg in etwas Ähnlichem? Das immer noch retrospektiv hochmütige Alte glaubt, mit den alten

Erfolgen doch noch irgendwie punkten zu können, aber dieser Versuch, damit zu punkten, hält das Alte dann doch wieder zu sehr im Alten fest. Man hat die Kunden der Vorzeit sehr gut verstanden und will die neuen nicht wirklich lieben …

Kann man sich denn nie lustvoll wandeln? So lange man jung ist, geht es. Also Unternehmen, werdet im psychologischen Sinne nicht alt. Dann müsst ihr nicht trauern und schließlich aus den gemütlichen Schrebergärten vertrieben werden („aus der Komfortzone"). Ja, das ist es: Wer jung bleibt, wird nicht alt. Wer jung bleibt, wird alt.

Jede Generation hat ihr Generationenproblem. Aber noch nie hatte eine Generation ein solch schweres Problem wie die heutige ältere mit der Generation Y. Das sage ich jetzt einmal so. Denn die Elterngeneration konnte früher leichter verargumentieren, dass alles genau so am besten ist, wie sie es bestimmte. Die Jüngeren führten natürlich ihre jeweils neuen Argumente an und verloren tendenziell – meist nur fürs erste. Jeder wirkliche Wandel verlief zäh. Nun aber – und da sehe ich einen ganz entscheidenden Unterschied – haben die Jüngeren das Internet auf ihrer Seite. Die Älteren argumentieren mit dem lange abgestotterten Brockhaus im Rücken, die Jüngeren mit dem oder „ihrem" Netz. Ich pauschalisiere jetzt einmal eine ganze Kolumne über diesen Unterschied.

Generation Y und die Deutungshoheit

„Warum ist es wichtig, ein Großes Latinum zu haben? Warum lernen wir nicht Soziologie, Wirtschaft oder Psychologie in der Schule?" Solche Fragen stellten wir vielleicht in den 70er Jahren. Damals waren irgendwelche Kenntnisse in Wirtschaft ganz sicher nicht solche, die man zur klassischen Bildung gezählt hätte. Pfui! Das Wirtschaften wurde als eine Art Gegenwartshandwerk ohne jeden ewigen Wert gesehen, das „Management" steckte in den Kinderschuhen, die Unternehmen wurden von Juristen dominiert. Psychologie aber war hype! Die Avantgardisten psychologisierten alles und jedes mit solch übertriebener Hingabe, dass das Nachäffen von „Psychos" ganze Satiresendungen füllen konnte. Also? Warum jetzt ein Großes Latinum? Man gab uns zur Antwort: „Das braucht man zum Studieren vieler Fächer, es öffnet den kulturellen Gesamtblick und es stärkt das logische Denken." Dazu sagten wir nicht gerade „Aha!", aber wir nahmen es so hin. Die Autorität hatte es gesagt, und es klang so, dass es hätte stimmen können.

© Springer-Verlag GmbH Deutschland 2017

G. Dueck, *Im Digitalisierungstornado*,

https://doi.org/10.1007/978-3-662-54879-0_9

„Warum darf man bei der Bundeswehr keine langen Haare tragen?", wollten wir dringend wissen. Sie sagten uns, es wäre unhygienisch und das Haar würde sich beim Kriechen im Unterholz verfangen, was im echten Krieg unseren Tod bedeuten könnte. Sie erfanden dann das Haarnetz, sie erklärten alles wissenschaftlich, aber wir alle wussten, dass sie nur die neuen Frisuren nicht mochten. Sie mochten auch keine Bärte – wieder waren diese unhygienisch. Ist die Nassrasur, also die tägliche Selbstritzung der Haut mit anschließendem Rasierwasser zur Schnellheilung tatsächlich gesünder? Sie bejahten das. Wir mussten es hinnehmen. Sie hatten die Deutungshoheit.

Die Eltern, Lehrer und Abteilungsleiter beanspruchten die Deutungshoheit! Wir hatten wenig entgegenzusetzen. Weder im Duden noch im Brockhaus stand etwas über Haarnetze. Lexika geben keine Deutungen, auch keine praktischen Kenntnisse für den Alltag. Wir versuchten damals zum Beispiel, aus einem mehrbändigen Brockhaus heraus zu erfahren, was man heute unter „sexueller Aufklärung" verstehen würde. Tagelanges Brockhausieren brachte uns nicht über vage und seeehr trocken formulierte Vorstellungen hinaus.

Diese Deutungshoheit der Älteren ist dahin. Das Internet schleift die Autoritäten. Jeder kann selbst surfen. Jeder kann bei Google oder Bing eingeben: „Studien über Wert Latein", oder „Wie muss man sich gegenüber anderen in Stellung bringen oder positionieren, damit man im Team zu zweit praktisch aufgestellt ist?" Das Irritierende am Netz ist: Zu allem gibt es Meinungen und Gegenmeinungen. Es ist gar nicht so einfach, unter den entgegenstehenden Argumenten zu einem eigenen Urteil zu kommen. Das Urteilen wird zu einer Kernkompetenz der nächsten Generation, bzw. es wird eine solche werden müssen.

Die Älteren stellen ganz richtig fest, dass die Jüngeren diese Kompetenz noch nicht haben, sie machen sich Sorgen und geben zu bedenken, dass man diese Kompetenz gar nicht braucht, wenn man nur die total sicheren Urteile der Älteren übernimmt. Dann habe man immerhin einen festen Grundstock an soliden Urteilen, der nicht so einfach durch Unsinn im Internet ins Wanken geraten könne.

Und da ist viel Unsinn im Netz! Im Grunde genügt den Älteren ein Blick ins Netz – es schwirrt nur so von Abartigem und Abwegigem. Die Älteren sind kollektiv kolossal beunruhigt, dass die Jüngeren allen möglichen Irrlehren im Netz verfallen könnten.

Die Jüngeren aber sind zunehmend belustigt, auch erstaunt und irritiert, dass es zu allem und jedem Thema jeweils seriös aufwendige wissenschaftliche Großstudien (meist in Form einer achtwöchigen Bachelorarbeit) zu lesen gibt, die jeweils glatt auch das Gegenteil wissenschaftlich exakt beweisen. Warum gibt es Studien, die exakt wissenschaftlich widersprüchliche Ergebnisse erzielen? Sagen die Älteren nicht, man könne der Wissenschaft vertrauen?

Die Jüngeren beginnen, bald allem zu misstrauen. Sie sehen die Welt im Netz in voller Komplexität und sehen sich zu einer eigenen Urteilsbildung gezwungen – die Älteren argumentieren mit ihren jeweiligen Lieblingsstudien, die es immer gibt, und schalten ja auf stur. Während die Jüngeren sich selbst üben, im Dschungel der Informationen zu Urteilen und Deutungen zu kommen, hören sich die Älteren genussvoll abwehrende Vorträge über „Viel Fluch und wenig Segen des Internets" an.

Sie nämlich, die nicht im Netz sein wollen, befürchten, dass die Jugend dort im Grunde nur dazu verführt wird, nicht mehr den Älteren zu folgen. Sie spüren den Verlust an

Einfluss. Man kann nicht mehr wie früher sagen: „Solange du die Füße unter meinen Tisch setzt, wirst du wählen, was jeder hier … " Und jedes absolut sichere Urteil kann von den Jüngeren nach fünfminütigem Surfen entzaubert werden.

Die Alten raten zur Bibliotheksnutzung – das tut Y jetzt!

Josef Kraus, Präsident des Deutschen Lehrerverbandes, sagte neulich in einem Interview (das ist im Netz und ich habe das etwas genervt ebenfalls im Netz kommentiert, surfen Sie bei Interesse nach dem folgenden Satz): „Wer sich in einer Bibliothek nicht auskennt, wer sich in einem Lexikon nicht auskennt, nämlich Wichtiges von Unwichtigem zu unterscheiden, der wird sich auch im Internet nicht auskennen." Typisch, oder? Das Wichtige steht im Lexikon! Ich habe neben meinem Schreibtisch noch aus Nostalgie einen fünfbändigen Brockhaus, dort steht alles aberwitzig knapp drin – verglichen mit der Wikipedia. Aha, sagt „der Lehrerverband", das Lexikon hilft dann also, das Wichtige zu kennen. Ist das so?

Eine Bibliothek? Die hat ja nun fast kein Mensch gerade zur Hand, Pech. Ich wuchs in einem Bauerndorf auf, da war gar keine. Ich hatte also den schnell veraltenden Brockhaus („der ist eine Anschaffung für das ganze Leben, er begleitet dich von deiner Konfirmation an, du kannst dich mit ihm begraben lassen, Gunter") und meine damals wirklich guten Lehrer, mehr aber nicht. Na ja, und zugegeben, der Brockhaus wurde auch zu seinen aktuellen Zeiten nicht wirklich benutzt. Für die Schule war er schon damals nicht brauchbar. Er enthält richtige Informationen wie das genaue Geburtsdatum von Goethe, aber kein Urteil über ihn, außer „bedeutender Dichter" oder so.

Nun aber steht im Internet so gut wie alles. Bei jeder Unklarheit zücken die Kinder das Smartphone und googeln. Zählen Sie bitte für sich nach: Wie oft googeln die heutigen Kids und wie oft schlugen wir dazu im Vergleich im Lexikon nach? Sie googlen und googeln und lernen so viel mehr als wir früher, aber jetzt finden die Älteren, sie würden sich nichts mehr richtig einbläuen, weil sie ja ein Smartphone haben. Welcher Widersinn! Wenn wir heute – aus unserer komfortablen volldigitalen Situation heraus – gezwungen würden, ausschließlich wieder auf Lexika und Mikrofiche-Recherchen in der Universitätsfernleihe zurückzugreifen – dann würde Manfred Spitzer glatt ein dickes Buch über Analoge Demenz schreiben können.

Nun gut: Jetzt surfen die Jungen also nach Herzenslust.

Wer ihnen etwas nicht genau erklärt, der wird per Netz überprüft. Stimmt es, was der Bankberater sagt, dass man nämlich nirgends mehr als 0,10 Prozent Zinsen bekommt? „Ah, bei Consors gibt es mehr. Was sagen Sie nun, lieber Herr Berater?" – „Das ist eine kleine unsichere Bank in Süddeutschland." – „Oh, die gehört laut Google zur französischen BNP, die ist riesig groß und vertrauenswürdig." – „Aber die bietet keinen Service wie wir." – „Welchen bieten Sie denn? Wissen Sie zum Beispiel, wie man an Zinsen herankommt? Wozu raten Sie da?"

Die Digital Natives vertrauen den Alten nicht mehr. Es wird gnadenlos nachgesurft. Der Arzt sollte wissen, was er diagnostiziert, der Rechtanwalt auch. Sätze wie diese sind

vorbei: „Das ist so. Das macht man. Das ist doch klar. Das wird wohl keiner bestreiten."
Es wird bestritten.

Die Generation Why fragt nach und stellt jetzt nach aller Möglichkeit die Wahrheit fest!
Sie nutzt die Medien viel intensiver als wir es jemals konnten.

Der Altmeister wird Alteisen

Früher ging man in die Lehre, man zog auf die Handwerkerwanderschaft, man wurde
per Dissertation Jünger einer professoralen Schule oder Fachrichtung, man vertraute auf
die seit alters her bewährte Ausbildung und die erfahrenen Ausbilder – die mussten es ja
wissen. Man vertraute auf Erfahrung und ehrte die verbrachten Jahrzehnte im Betrieb.
Seniorität hatte bei Beförderungsentscheidungen einen hohen Stellenrang.

Das ändert sich alles. Die Welt nämlich ändert sich im Ganzen so schnell, dass Alte
wie Junge gleichermaßen ins Ungewisse gehen müssen. Grundlegende Erfahrungen und
Fertigkeiten werden obsolet, zum Beispiel derzeit das Schreiben mit der Hand. Der grundlegende Wandel fällt den Jungen leichter als den Alten, denn die letzteren tragen ja Weh
im Herzen, wenn ihre Fähigkeiten nicht mehr gefragt sind. „Die Jungen haben keine
Ahnung von meisterlicher Programmierung, sie nutzen schamlos Codegeneratoren und
das Management findet es gut – die wollen nur sparen. Ach, früher … "

Früher. Da fällt mir ein, dass ich für manche von Ihnen gerade auf das Alte einzuhacken
scheine. Fühlen Sie das beim Lesen so? Dass ich draufhaue?

Ach Leute, das ist wieder so ein Trick oder eine Denkfigur von Ihnen, nicht weiter-
lesen zu müssen! Es geht nicht um eine schlechte Wertung der Älteren, ich will nicht über
etwas herziehen oder beleidigen, ich sage einfach, was gerade geschieht. Das können Sie
meinetwegen nicht gut finden, aber hinschauen könnten Sie doch, oder? „Ich gehe nicht
zur Krebsvorsorge, da werde ich auch nicht krank. Früher hatte ich auch keinen Krebs."

Die Ansicht, dass stets die ältere Generation die jüngere die Grundzüge des Lebens
lehre und ihr das Wichtige der Welt erkläre und weitergebe, die ist im heutigen radika-
len Wandel falsch. Das merken die Alten und möchten nun vielleicht auch deshalb den
Wandel nicht so schnell haben.

„Es muss doch Schulbücher geben!" – „Vorlesungen von Matheprofessoren sind sehr
persönlich gehalten und bekannt warmherzig bemüht, man kann sie nicht durch professio-
nelle Videos mit Anschauungsbildern ersetzen!"

Die Digital Natives finden heute alle Ausbildung irgendwie recht oder schlecht im Netz.
„Wie mache ich das?"-Videos sind der Hit im Netz. Bevor man lange jemanden sucht,
der sich auskennt, fragt man YouTube. Die Gelbe-Seiten-Reklame wirkt auf Generation Y
hoffnungslos altbacken: „Näher dran am Leben." Näher als Google? Als YouTube? Dort
finden wir schon erste gute Sammlungen von Vorlesungen im Netz. Die Videos zur Mathematik (Loviscach, Khan) sind schon richtig gut, die nächste Generation wirklich profes-
sionell mit großzügigem Bildaufwand hergestellter „idealer Lehrmaterialien" wird dann
die „alte Lehre" wirklich obsolet machen. Schon heute sieht die Generation Y in Schule

und Uni, dass man sich dort nicht ehrgeizig um zeitgemäße Professionalität kümmert. Alles beginnt, alt auszusehen – für die Generation Y jedenfalls.

Gesundbeten hilft nichts. Die Generation Why will Professionalität sehen. Aussagen wie „Es kommt mehr auf den innewohnenden Geist an als auf die bloße Form oder die Grafikauflösung" mögen zwar stimmen, aber deshalb wollen die Jungen trotzdem die volle Professionalität und sind nicht mehr mit „früher" zufrieden. „Ein gutes altes Tafelbild ist authentischer als synthetisches PowerPoint" – das mag zwar stimmen, aber die Generation Y hat ihre Ansprüche. Mein Vater sagte immer, dass Schwarzweißbilder viel besser als farbige wären … Daran stimmt einiges, weil man bei Schwarzweiß durch Kunstentwickeln etwas tun kann, aber auch er wechselte irgendwann zu Kodak prall. Heute photoshoppen wir die Bilder und schminken sie. Ungeschminkt sehen sie zunehmend alt aus.

Glück statt Geld!

Ich fasse zusammen: Die Jungen können heute um Größenordnungen besser mitreden, wenn es um die Frage geht, wie etwas in der Zukunft am besten zu sein hat.

Und weil sie das besser denn je können, tun sie es auch. Das wirkt respektlos, und deshalb reden die Älteren jetzt von der Generation Y.

Die fragt nach dem Sinn der heutigen Welt. Why? Why? Why? Warum arbeiten wir bis zum Burnout? Warum verschulden wir uns als Volk über jede Halskrause, um den Banken und der Wirtschaft zu helfen? Haben die Unternehmen ihre hohen Gewinne nicht immer damit begründet, dass sie die Risiken für uns tragen, wofür sie für alle Krisen stets hohe Rücklagepolster bilden müssen? Warum sitzen wir verzweifelt in unsinnigen Meetings und zanken tagelang ohne jede Entscheidung herum? Warum lehnen die Älteren die neue Welt ab? Warum reden die Älteren dauernd von „Lebenslangem Lernen", tun aber selbst keinen Hirnschlag dafür, so als ob ihr Leben schon gelaufen wäre (was gerade die vom Zaum gebrochene „LLL"-Diskussion energisch in Abrede stellen will)? Warum will die Schule und das Management „Individuelle Förderung", macht aber tatsächlich nur Front und Einheitlichkeitsbrei? Warum muss die Generation Praktikum ihre Ausbildung praktisch selbst bezahlen – und bekommt dann nicht einmal eine, wenn sie fast gratis arbeitet? Warum ist die IT in den Unternehmen grottenschlechter als daheim? War es vor 20 Jahren nicht so, dass ein Vertriebsbeauftragter mit Firmenhandy jeden Monat ein paar hundert Euro Mobilrechnung hatte, weil damals eine Minute sehr teuer war? Ach, und jetzt findet das Unternehmen plötzlich eine Flatrate für 9,99 Euro im Monat für Mitarbeiter zu teuer?

Diese Fragen lassen sich unendlich aufzählen. Wir alle haben mehr und mehr das Gefühl, dass die Welt im Wandel nicht sinnvoll ist. Die Arbeit wird menschenübersehend sinnentleert, man wird durch Karriereversprechen immer nur beruhigt. Das Menschliche scheint nicht mehr in die Zeit zu passen, Leistungsdruck schiebt sich durch das Gymnasium nach unten bis in die Kindergärten. Die Eltern machen sich Sorgen, reagieren aus Angst zu stark und werden zu Tiger- oder Helikoptereltern. Analog zu einem berühmten Film: Sorge fressen Seele auf. Sie versuchen verzweifelt, ihren Kindern in der für sie nun einmal sinnlosen, harten Zeit einen guten Platz zu sichern, damit das Leben der Kinder nicht zu schlimm wird. Die Tiger- und Helikoptereltern stellen sich aber nicht der Sinnfrage der von ihr selbst objektiv (nicht subjektiv) mitgetragenen Welt.

Die Generation Y stellt sich der Sinnentleerung. Sie möchte reden. Wo bleibt unser Glück, der Sinn, die intrinsische Motivation?

Die ältere Generation X (nennen wir sie so) ist eingeknickt und will nicht reden, sondern nur aushalten. Leider wählt die Generation Y ihre Worte sehr unbedacht. Sie sagt nicht etwa: „Intrinsische Motivation steigert den Aktienkurs" – das würde Generation X noch verstehen und anhören. Nein, sie formuliert in ihrer emotional unintelligenten, nassforschen Art „Arbeit muss Spaß machen" und wirkt auf Generation X dadurch wie ein rotes Tuch. „Die wollen nicht mehr arbeiten!", schreit Generation X aufgeregt – wo gerade heute die Jugend viel mehr arbeiten muss als Generation X in seiner Jugend. „Die stellen Ansprüche! Die wollen verwöhnt werden! Die wollen die Knochen nicht hinhalten!"

Kerstin Bund hat ein Buch geschrieben. Es heißt: *Glück schlägt Geld – Generation Y: Was wir wirklich wollen*. Ursula Kossers Buch heißt: *Ohne uns! Die Generation Y und ihre Absage an das Leistungsdenken*. Philipp Riederle erklärt ein Buch lang: *Wer wir sind und was wir wollen*. In solchen Bestsellern wird all das Sinnlose unserer Zeit infrage gestellt und neu gesehen. Leider liest Generation X nur die Headlines und ist erschüttert. Da schau her, ohne uns, aha. Nichts mehr leisten wollen, soso. Glück statt Geld, wie soll das denn gehen? Vergessen, dass die damaligen 68er-Selbstverwirklicher heute auch ihre 60-Stundenwoche kloppen, he?

Die Generation Y will reden, so sehe ich das, aber sie verhärtet mit Zuspitzungen der Art „Ohne uns" die Lage. Sie sollte erst einmal unermüdlich Why, Why & Why fragen. Hinterfragen und hinterfragen, nicht für blöd erklären. Aber ich weiß natürlich, dass die junge Generation nicht gleich geschlossen wie ein Sokrates auftreten kann. Sie wird Generation X nicht vom Irrweg abbringen, sondern langsam aussitzen. „Change Management funktioniert immer, wenn es sehr lange Zeit zum Wandeln hat." Generation Y wird ja bald Generation X.

Schade. Können wir nicht sehen, dass eine junge Generation diesmal eher Recht hat als eine junge Generation irgendwann in früheren Zeiten? Weil sie wegen des Netzes besser mitreden kann? Können wir Älteren nicht einmal gelassen das Überselbstbewusste, schnoddrig Erscheinende, zu stark Fordernde und Belehrende aus den Einlassungen der Generation Y überhören und uns unsere Fakten anschauen? Im Spiegel und selbst? Die Fakten sind nicht so gut, das wissen wir doch. Wir haben das mit dem Sinn nicht so richtig hinbekommen und schämen uns heimlich. Warum lassen wir uns nicht helfen?

Ach schade, dass diese Kolumne nicht gleich heute erscheint. Die Wirtschaftswoche zitiert gerade eben ausführlich einige Aussagen vom Telekom-Chef Höttges. Er möchte – nein, er möchte schon, aber er sagt stärker, er wolle ein übergreifendes mobiles Bezahlsystem. Ich trauere ein bisschen. Ich war an der Vorbereitung des dritten nationalen IT-Gipfels (2008) beteiligt und habe vehement etwas gefordert, was dann der damalige Wirtschaftsminister Michael Glos (CSU) in würdige Worte kleidete, nämlich dass das Internet in Kürze auf jeder Hallig, jeder Berghütte und jedem Bauernhof verfügbar sein werde. Er meinte damals wohl auch im ICE um Ulm herum oder so – jedenfalls wird uns das alles seit 2008 in immer schönerer Form versprochen. Es passiert nichts. Dabei ist „Internet-Glasfaserkabel" schon ein einfacher gesicherter Standard, aber ein Bezahlsystem noch nicht so ganz.

Es geht um Akzeptanz von Standards!

Die großen Firmen glauben immer, sie könnten mit Macht oder Markteinfluss durchdrücken, was aber Akzeptanz braucht. Die Händler zum Beispiel heißen bei den Kreditkartenfirmen „Akzeptanzstellen", und in Deutschland haben sich die amerikanischen Kreditkarten erst dann durchsetzen können, als man damit das Tanken bezahlen konnte. Ich selbst habe eine American Express (die war/ist bei IBM Firmenkarte), da kenne ich einen Witz:

Ich werde eingefroren und nach 500 Jahren wieder aufgetaut. Klar, da fühle ich mich noch seltsam und muss sofort ein Eis essen, um mich zu beruhigen. Natürlich habe ich kein Geld dabei, es gibt nur noch eine Weltwährung, nämlich den koreanischen Dollar. Ich frage die Eisbude: „Nehmen Sie Kreditkarten?" – „Ja, klar." – „Hier meine Amex Gold!" – „Oh, alle anderen akzeptieren wir, aber Amex ist für Händler zu teuer."

© Springer-Verlag GmbH Deutschland 2017

G. Dueck, *Im Digitalisierungstornado*,

https://doi.org/10.1007/978-3-662-54879-0_10

Liebe Leute, haben Sie diese Geschichten rund um die Akzeptanz von Kreditkarten schon wieder ganz vergessen? Haben Sie vergessen, dass in Deutschland im Vergleich zu allen anderen Ländern die EC-Card deshalb so gut läuft, weil sich vorher alle Banken in Deutschland auf EC-Schecks mit 300-DM-Garantie einigen konnten? Verstehen Sie, dass in den USA immer noch Schecks verschickt werden, weil es dort keine „Überweisung" gibt? In den USA (wo es keine EC-Schecks gab) gibt es deshalb eine große Akzeptanz von PayPal und hier noch nicht so ganz. In den USA ist die Chance auf eine ganz neue Lösung groß. Apple, Amazon, Google, Facebook, Samsung und PayPal sind an diesem Fall dran. Welche Vorstellung verbinden Sie mit diesen Firmen? Akzeptanz. Warum verbinden Sie solche Firmen mit dem Begriff Akzeptanz? Weil die sich wirklich und redlich die ganze Zeit darum bemüht haben. Natürlich geht es diesen allen Firmen auch um Big Business und um Marktmacht, aber die Akzeptanz kommt zuerst. Schauen Sie nur auf die sture Energie von Amazon, uns zu locken, Handys und Tablets von Amazon als Standard zu akzeptieren – dafür verzichtet Amazon auf mehrere Jahresgewinne, obwohl es nicht so unbedingt nach einem großen Erfolg aussieht.

Die Deutsche Telekom hat 2010 den „PayPal-Konkurrenten" ClickandBuy übernommen, um den ganzen deutschen oder europäischen Markt mit einer eigenen Telekom-Lösung zu überrollen. Nun, nach fünf Jahren (wissen Sie denn überhaupt, wer oder was ClickandBuy ist?) sagt Tim Höttges: „Aus heutiger Sicht mag man es als Fehler betrachten." Und weiter: „Wir müssen alle Beteiligten an einen Tisch holen, um mehr Akzeptanz dafür zu bekommen. Unser ursprünglicher Anspruch, das alleine durchsetzen zu wollen, war falsch." Deshalb, sagt Höttges, habe er Kontakt zu den Spitzen der großen Banken aufgenommen.

Und ich seufze wieder ein bisschen. Akzeptanz hat nichts mit dem Durchsetzen zu tun, sondern mehr mit den Leuten, die dann mit den Bezahlsystemen leben müssen! Das sind erst einmal wir Kunden und dann die Händler, die jetzt am besten jeder so zehn Minibezahlautomaten parallel betreiben müssen, damit die Sparkassen zum Beispiel ihr Giropay „durchsetzen" können etc. Die Sparkassen, Volksbanken, die Deutsche Bank, die Telekom, alle setzen sie einmal einen Standard, einfach so? Ohne uns? Es gibt lange Zeitungsberichte, dass sich die Sparkassen untereinander nicht einigen können und die Volksbanken auch nicht, dass man doch wieder zusammen oder etwas weniger zusammen neue Gesellschaften gründen sollte – und demnächst kommen Amazon Pay, Android Pay und Apple Pay.

Ich habe neulich in einer Tankstelle gefragt, warum ich die Karte immer so in den Schlitz einführen soll, dass der schwarze Streifen hinten in der richtigen Richtung sitzt. Es ist jedes Mal ein Gefummel und ich muss irgendwie mein Gehirn dazu einschalten. Da hat die Bedienung das Gerät umgedreht und es mir aus ihrer Sicht gezeigt. Sie kann von der anderen Seite sehr gut sehen, ob ich die Karte richtig einführe. Aha, sie. Nicht ich. Warum kann man keine Geräte bauen, die eine Karte in allen vier möglichen Einschubformen lesen kann? Würde das den Kassiervorgang nicht um ein paar Prozent verkürzen? Wenn ein Arbeitsplatz einen Euro pro Minute kostet, wie viel kostet das so häufige Umstecken der Karte? Ich will sagen: Um unsere Akzeptanz oder nur um Grundvernunft geht es dabei nicht vorrangig. Man will etwas durchsetzen.

Das haben die Telekoms und Banken nun seit einigen Jahren versucht. Ging nicht, weil es ihnen nur ums Durchsetzen ging. Nun sehen sie, dass sie sich einigen müssten. Dann könnten sie vielleicht mit vereinter Macht etwas durchsetzen. Deshalb redet die Telekom nun mit den Spitzen der Banken – warum nicht mit Vodafone oder der Telefónica? Warum redet keiner mit den amerikanischen Unternehmen oder den Smartphoneherstellern? Warum macht sich keiner Gedanken um mich?

Überall neue Standards

In der Autoindustrie brodelt es. Daimler, VW/AUDI und BMW wittern Machtkämpfe. Google will angeblich die Informationshoheit im Auto übernehmen und hat mit AUDI einen ersten Partner gefunden. Apple plant angeblich ein eigenes Elektroauto. Jetzt sind die Zeitungen voller Meldungen. Wer hat die Hoheit im Business?

Kein Artikel sinniert einmal normal vernünftig über die sinnvollen Infrastrukturen, die jetzt entstehen. Nein, es geht um die Herrschaft. Der Daimlerchef Dieter Zetsche verrät der WELT: „Wir haben lange Erfahrung im Automobilbau, wir haben das Auto erfunden. Und Erfahrung ist in einem so komplexen Geschäft wie dem Automobilbau mit entscheidend." Ich denke an Siemens, Nokia und die Handys. Hält Zetsche Apple für töricht? Er sagt: „Wenn wir morgen ankündigten, dass Daimler künftig Smartphones baut, würde das Apple nicht beunruhigen oder aus der Bahn werfen. Und das gilt auch für uns." So reden Menschen, die in Machtstrukturen denken und agieren. Zurückzucken gilt da nicht, bloß kein Zeichen von Unruhe. Nur nicht die Augen senken.

Die Frage aber bleibt: Wie sieht die Infrastruktur der Autos aus? Die Journalisten stellen sich etwas rund um Musik, Internet und Navi vor. Dabei geht es doch auch um die Steuerung aller Devices im Auto, um ein Zusammenwirken von Embedded Devices, um Real-Time-Internet, um den Informationsaustausch über Sensoren, um die Organisation des rein selbstfahrenden Verkehrs, der ja Sensoren statt Verkehrsschilder brauchen wird.

Da geht es um gigantische IT-Systeme, die weit über das Auto hinausreichen – und sie reden über ihre Erbhöfe. Wer mit wem, ob überhaupt und wie. Wer besitzt die Daten? Google oder AUDI? Vielleicht sogar der Autokäufer (kommt gar nicht infrage, sage ich Ihnen) oder die Versicherung?

Und die Geisteswissenschaftler denken neuerdings selbstständig über Algorithmen nach: „Wenn das selbstfahrende Auto in eine Situation kommt, in der es entscheiden muss, entweder eine Frau zu töten oder einen Mann – wie entscheidet Google per Algorithmus? Ist es sicher, dass nach gängiger christlicher Anschauung natürlich der Mann umgenietet wird, oder gibt es andere Religionen, die eher die Frau wählen? Welcher Gott entscheidet bzw. welcher Gotteswille wird programmiert? Muss das Auto einer Kirche beitreten?" All das erinnert an die spitzfindigen Diskussionen der alten Zeit, ob der Arzt das Neugeborene oder die Mutter überleben lassen soll, wenn nur eines überleben kann. Ich bekomme neuerdings öfter solche hochfahrend scholastische Anwürfe. Ich frage: „Wie entscheiden Sie sich denn, wenn Sie als Mensch in einer solchen Situation sind?" Und Sie alle wissen die Antwort: Sie entscheiden in ihrer Panik gar nichts und machen irgendetwas Zufälliges – vielleicht töten sie beide. Straflos. Ohne Nachfragen. Es war eine Ausnahmesituation. Tut uns allen ja leid. Aber selbstfahrende Autos müssen die Algorithmen offenlegen und mit Geisteswissenschaftlern diskutieren. Bestimmt schaut das Google Auto zuerst noch schnell nach, wer Kunde bei Google ist, oder?

Wenn man Infrastrukturen rund um Industrie 4.0 bauen will, muss man Daten von Sensoren auswerten. Diese senden dann ihre Daten über bestimmte Bussysteme an die Auswerteeinheit. Solche Bussysteme gibt es sogar schon! „Profibus". Damit ist Real-Time-Übertragung möglich. Leider senden die Sensoren ihre Daten in vielen verschiedenen proprietären Formaten. Wenn also ein Fühler nur bei Überhitzung ein Signal senden soll, wird die Nachricht „zu heiß" oder „JA!" in ein Nachrichten-Paket kodiert, mit Header und Footer. Das kann man sich in so vielen verschiedenen Varianten vorstellen, wie es Sensorhersteller gibt. So wie man in Big Data ganz generell Größtprobleme mit der Datenintegration hat, so ist es auf der Mikroebene auch. Wer setzt da die Standards? Siemens? Bosch? Continental? Google? Samsung?

Ich habe neulich eine SAP-Anwendung mit vielen Sensoren bewundern dürfen. „Wie integrieren Sie denn die Sensoren?", frage ich. Hüstel, hüstel. „Wir haben alle Sensoren von einer einzigen Firma gekauft, dann geht es, manchmal wenigstens."

Überall kommt das gerade so oder so ähnlich. Wie sieht das Smart Grid der Energieverteilung aus? Wer hat eine gute Idee für das Grid? RWE? Vattenfall? Oder Tesla? Tesla verkauft die ersten Akkus für den Haushalt … und ich gebe Ihnen statt langer gleichtöniger Erklärungen eine einzelne Stimme eines kleinen Stromerzeugers zur Probe (allerdings schon einige Zeit her): „Wir haben hier in der kleinen Region viele, viele kleine Erzeuger. Wir wissen, dass wir irgendwann eine gemeinsame IT-Lösung brauchen. Aber allein kann das keiner stemmen. Zusammen können wir es auch nicht, weil wir uns nicht grün sind. Wir beobachten einige ehrgeizige Produzenten, die schon an einer IT werkeln. Das macht uns nervös. Die bieten uns schon das Mitmachen an. Wissen Sie, Herr Dueck, was die vorhaben? Sie werden uns mit ihrer besseren IT erpressen und abhängig machen, sie hoffen, uns dann billig übernehmen zu können und dann haben sie die Macht über uns. Das sehen wir mit großer Sorge, wir werden uns von so etwas wie IT stark weghalten."

„Was soll ich tun? Ich hab keine Macht!"

Auf den Konferenzen fragen große Stadtsparkassen: „Was soll ich tun? Ich kann doch kein eigenes Zahlsystem bauen. Ich muss zusehen, wie sich alle zanken." Versicherungen: „Google bietet bald ein Vergleichsportal an, dann kann man uns vergleichen. Das wollen wir nicht." Handel: „Amazon ist der Feind der Welt. Na ja, wir haben 15 Jahre darüber gelacht, aber jetzt sollten sie weggehen, jetzt gefährden sie uns doch. Was soll ich als Handelsunternehmen denn tun? Gegen Amazon bin ich machtlos." (Dieses Unternehmen ist vielleicht immer noch größer als Amazon und schluchzt bitterlich. Zum Vergleich:

Amazon Welt ca. 75 Mrd. US-Dollar Umsatz, Amazon.de ca. 8 Mrd., Edeka mehr als 50 Mrd. Euro).

Diese Beispiele nehmen in der Zahl rasant zu. Kein Einzelunternehmen will die eigene Komfortzone verlassen (so heißt das im Manager-Sprech) und neue Infrastrukturen aufbauen. Wird man damit Gewinn machen? So fragen sich alle. Dabei gewinnen doch all die, die es tun, viele Milliarden? Sieht man das nicht an den Börsen?

In Deutschland traut sich keiner. Angst. Abwehr. Banges Fragen: „Warum gibt es hier nur die SAP, die groß denkt?"

Die Einzelunternehmen trauen sich das allein nicht zu. Was aber sollen sie konkret tun? Die Antwort ist klar und leicht zu verstehen: Sie müssen sich einigen. Oder? Wenn sie diese Antwort hören, scheinen sie gerade in Zitronen zu beißen. „Wir können uns nicht einigen. Wir sind Feind. Vielleicht sollte der Staat das übernehmen?"

Der Staat baut Bürgersteige, warum nicht Sensorenstandards?

Tatsächlich, der Staat könnte etwas tun. Er hat uns die Stromnetze, Überlandleitungen, Autobahnen, Bürgersteige, Wasserleitungen und Talsperren gebaut. Er hat die Telefonleitungen und Fernsehstationen beschert.

Es war immer Aufgabe des Staates, all das, was alle brauchen, in eine große sichtbare Hand zu nehmen und für alle bereitzustellen. Irgendwann kann der Staat alles wieder in Privathand geben und zum Beispiel Müllabfuhr oder Altenheime an eine private Industrie zurückgeben.

Das hat der Staat irgendwie vergessen. Er sorgt sich nicht um die neuen IT-Strukturen, nicht einmal um Breitbandkabel. Er klammert sich ängstlich an seine alten Tätigkeitsgebiete. Er stellt täglich neue Verkehrsschilder auf, aber Selbstfahrsysteme? Er findet immer noch, dass die Produktion von Tagesschau & Tatort originäre Staatsaufgaben sind, für die er Zwangsgebühren erhebt, so hoch, dass man dafür zweimal Netflix buchen kann. Er hat kaum Geld, Sparkassen mit genügend Eigenkapital zu versorgen, sie schrumpfen ihm weg. Er fördert Landwirte und sieht der Agonie von Kurorten zu.

Kann der Staat nicht DAS anstoßen? Verkehrssysteme, Sensorenprotokolle, Autobetriebssysteme, Open Source Wikipedias für Noten, Tiere, Pflanzen, Ereignisse, Opernaufführungen, Dramen? Mediatheken aller wertvollen Inhalte, die wir per Fernsehgebühren schon bezahlt haben? Warum muss ein Kind mit Mist-TV aufwachsen, wo es inzwischen so irre viel Augsburger Puppenkiste & Co. an Wertvollem gibt, dass ich ein Kind nur ausschließlich mit „Premium" großziehen könnte, ohne einen einzigen Film neu zu drehen?

Der Staat wirkt genauso inkompetent wie die Wirtschaftsunternehmen in der Disziplin, neue Infrastrukturen zu erbauen. Die Unternehmen fürchten um ihre Quartalsergebnisse und investieren ja schon in einen Nachhaltigkeitsbeauftragten. Der Staat hat keinen Willen. Wenn man den Staat dafür hart kritisiert, gießt er jedes Mal schnell eine Milliarde über Elite-Universitäten aus oder lässt erst einmal Langzeitstudien erstellen, ob die Internetnutzung wirklich nachhaltig steigen wird. Halbstaatliche Forschungseinrichtungen versprechen dem Staat zum Beispiel, gigantische Neuerungen wie semantische Suchmaschinen (Theseus, in Frankreich Quaero) zu „erforschen" oder zu „erproben", und ein paar Jahre und hunderte Millionen später finden sie es besser, Google zu zerschlagen (Google hatte 2002 etwa 400 Millionen Jahresumsatz – „Was soll das, noch eine Suchmaschine?").

Wer tut jetzt etwas?

Das ist eben die Frage. Wir denken, diskutieren, forschen, entwickeln, denken uns die theoretisch besten Suchmaschinen und GPS-Systeme aus, wir bauen die besten fußballspielenden Roboter und publizieren, publizieren und melden Patente an. Da fällt mir ein: ich habe acht Patente. Das war bei IBM achtbar, aber nicht so richtig toll. „Acht", dachte ich gerade, als ich auf der Theseus Internet-Startseite ganz oben las:

„Im Rahmen des Forschungsprogramms THESEUS wurden über 20 Standardisierungsaktivitäten umgesetzt und knapp 20 Entwicklungspartnerschaften initiiert, über 40 Anschlussprojekte erfolgreich angeworben, knapp 60 Patente und andere geschützte Ergebnisse angemeldet, über 120 Prototypen entwickelt und mehr als 900 wissenschaftliche Publikationen veröffentlicht. Insgesamt sind bislang mehr als 1.700 Einzelergebnisse entstanden, von denen rund 1.200 öffentlich im THESEUS Ergebnisprisma zugänglich sind."

Sieht das nach tatsächlichem Tun aus? Würde so ein Tesla-Chef oder einer von Uber über die letzten sechs Arbeitsjahre berichten? „Wir haben uns über 600 verschiedene Batterietechniken angeschaut und viele Doktorarbeiten darüber vergeben." – „Wir haben die Personenbeförderungsgesetze in mehr als 136 Ländern studiert und verstehen jetzt die Lage sehr viel besser, wir sind absolut nicht mehr am Anfang. Wir kaufen jetzt ein Auto und testen den Bedarf in der Bevölkerung, wir suchen noch eine staatliche Förder-Finanzierung dafür, man hat uns auch eine Forschungskooperation über fünf Jahre versprochen, wenn wir 800 Seiten Anträge ausfüllen. Je nachdem, welcher Staat zuerst fördert, fangen wir eben dort an. Anders geht es ja nicht."

Sie denken, ich bin böse, bitterböse oder nur sarkastisch? Stimmt nicht – ich bin tierisch ungeduldig. Es wird ja eigentlich viel getan, aber es sieht eben nicht nach Tun aus. Wir studieren, üben, denken und brauchen zehn Jahre bis zum obersten Gericht, das dann entscheiden soll, ob erst der Mann oder die Frau vom Algorithmus umgefahren werden darf, oder ob das Auto vor dem Unfall erst anhalten soll und eine Ethikkommissionsentscheidung abwarten muss.

Leute, wir müssen die PS auf die Straße bringen. Das sagt jeder Top-Manager, ohne es in Angriff zu nehmen. Banken – zusammensetzen! Autobauer, Energieerzeuger, Länder und Kommunen: Zusammensetzen. Alle: zusammensetzen und am besten SOFORT entscheiden und SOFORT tun. Selber, höchstselber, und bitte keine Kommissionen, die Ausschüsse gründen, die wiederum erforschen lassen, wer am besten wann etwas tut, wenn der denn freiwillig will.

Und jedes Mal, wenn ich mich so in Rage geredet habe, sagt jemand: „Sie wissen aber schon, dass es Deutschland gut geht?" Und ich frage mich, worauf der so Fragende wartet.

Kennen Sie noch den Herrn Tur Tur aus der Augsburger Puppenkiste? Die Wikipedia widmet ihm unter dem Stichwort „Scheinriese" einen langen liebevollen Artikel. Den hat er verdient. Herr Tur Tur leidet unter einer seltenen Eigenschaft: Er sieht aus der Ferne absolut bedrohlich riesig aus. Da fürchten sich alle Wesen vor ihm, weil sie natürlich annehmen, er wäre noch viel größer, wenn man sich ihm annähert. Deshalb ist der Scheinriese so sehr einsam. Bis Jim Knopf und Lukas doch auf ihn zugehen und ihn als normal großen lieben alten Herrn kennenlernen. Denn bei Nähe besehen ist er so klein wie Sie und ich.

Scheinriesen – Scheinzwerge

Der Dichter Michael Ende hat uns diese Metapher des Scheinriesen geschenkt. Sehen Sie in Ihrem täglichen Leben auch einmal Scheinriesen? Kleine Vorstandsvorsitzende, die einen eigenen Aufzug benutzen, um nicht als normaler Mensch auf dem Flur getroffen zu werden? Die sich dann auf Hauptversammlungsbühnen prächtig inszenieren lassen? Da sehen sie sehr groß und lichtcharismatisch aus … Viele Prominente und Spitzensportler sind Scheinriesen, viele Models erscheinen aus der Ferne so überirdisch schön, dass sich viele von ihnen beklagen, normale Männer würden sich nie und nimmer an sie herantrauen – so bleiben sie als Scheinriesinnen oft ohne Traumpartner, den sie glauben, auch ohne Schminke beanspruchen zu können.

Ich will Ihnen heute von dem umgekehrten Phänomen berichten, dem der Scheinzwerge. Das habe ich neu entdeckt! Es gibt Wesenheiten, die aus der Ferne irre klein erscheinen, aber immer größer und fürchterlich größer werden, wenn man auf sie zugeht. Es handelt sich um tatsächliche Riesen, die aber aus weiterer Entfernung wie Zwerge erscheinen,

© Springer-Verlag GmbH Deutschland 2017
G. Dueck, *Im Digitalisierungstornado*,
https://doi.org/10.1007/978-3-662-54879-0_11

die sich also auf die Entfernung schneller verkleinern als wir das normalerweise gewohnt sind. Diese Riesen sind für uns Scheinzwerge.

Ich möchte Sie heute eindringlich warnen: Scheinzwerge sind unter uns! Sie treiben ihr Unwesen fast ungestört, weil wir sie ja absolut nicht als Riesen wahrnehmen. Scheinzwerge machen uns ja erst dann Angst, wenn wir uns ihnen nähern.

Ein berühmtes Beispiel ist die Wesenheit des Berliner Flughafens, der ja vor Jahren nur deshalb nicht in Betrieb genommen werden konnte, weil so etwas ganz Läppisches wie eine komplizierte Feuerleiter fehlte – so jedenfalls sah es aus der Entfernung aus. „Schnell, baut ein bisschen Brandschutz ein, dann eröffnen wir eben ein paar Tage später!" Wir Deutschen waren alle ein wenig amüsiert über die vergesslichen Berliner und Brandenburger und vielleicht sogar schadenfroh über solch ein unprofessionelles „Versehen". Na, gut, dann eben vier Wochen später, dachten wir.

Das ging seltsamerweise nicht so einfach, und es erschienen bei näherer Betrachtung immer größere Probleme. Plötzlich hatte auch irgendeine Belüftung ein Problem. Wieso noch ein zweites Problem? Wir schüttelten den Kopf. Es sickerte langsam durch, dass die vergessene Feuerleiter einige hundert zusätzliche Millionen kosten könnte …

Verstehen Sie? Der Berliner Flughafen ist als Problem gesehen ein Scheinzwerg gewesen oder ist es noch. Die, die ihn aus der Nähe gesehen haben, erklären stets kalkweiß, dass man alle Problematiken im Griff habe. Sie spielen das Problem herunter. Das können sie relativ leicht, weil wir anderen der Täuschung des Scheinzwergs unterliegen. Wir sind zu weit weg. Die vor Ort können uns locker etwas vom Zwerg erzählen. Am Ende ist es gar nicht sicher, ob der neue Flughafen überhaupt schon Landebahnen hat und ob dafür noch etliche Abrissgenehmigungen von Innenstadtvierteln fehlen. Die Größe dieser riesigen Scheinzwerge können wir nur ahnen. Deshalb engagiert man offenbar zum Fixen der Probleme Scheinriesen wie Herrn Mehdorn, sodass man aus der Ferne einen Riesenmehdorn und einen winzigen Flughafen sieht.

Wenn Sie aus Hamburg stammen, ist Ihnen das Konzept des Scheinzwerges sicher gut verständlich. In Hamburg gibt es auch einen: die Elbphilharmonie. Es scheint so zu sein, dass sich die Politiker von weitem gar nicht die Mühe machen, sich einem Scheinzwerg zu nähern. Deshalb haben sie keine Ahnung von der wirklichen Lage und sagen immer: „Das ganze Ausmaß des Problems ist nun etwas deutlicher geworden. Aber wir schaffen das." Ahnungslose! Geht doch einmal ein paar Schritte weiter drauf zu! „Wir konnten nicht wissen, dass sich die Affäre so sehr ausweitet."

Von weitem sieht der Scheinzwerg dann „nur" wie eine nicht genehmigte Handyabhöraktion oder eine einzelne Kirchenkindesfehlbehandlung in einem winzigen Dorf aus. Der Scheinzwerg ist wie ein Stechen im Leib und der Arzt findet eine Metastase, später noch eine, und wieder eine, immer wenn er das Problem lösen will.

Die Scheinzwerge werden erst dann als Riesen erkennbar, wenn man sich ihnen nähert. Dieses Annähern vermeiden insbesondere die Scheinriesen. Aus der Ferne sieht man dann eben nur die Scheinriesen, nicht die Scheinzwerge. Manager sagen oft mitten in komplizierte Diskussionen hinein: „Leute, das muss doch einfach gehen." – „Leute, das Problem ist doch nicht neu, das muss doch woanders schon gelöst worden sein. Fragt mal nach."

Ich habe oft gesagt: „Wir selbst (!) haben es schon ein paarmal genau mit dieser Methode, äh, ‚gelöst‘." Und es passiert jeden Tag wieder: Man behandelt das Problem nicht mit inhaltlicher Annäherung, sondern mit PowerPoints. Wer das Problem per Folienpräsentation behandelt, bleibt in sicherer Entfernung zum Problem. Wer schwarze Seidenanzüge trägt ja auch. „Die Berater sind zu weit weg", stöhnen die Mitarbeiter. „Die Berater fragen uns immer nach dem Scheinzwerg, aber sie ziehen keinen Blaumann an und kommen mit in den Maschinenraum." Daher schätzen die Berater die Probleme zu klein ein. Das merken sie nicht, weil sie Statistiken benutzen, um die vielen durch Folien „gelösten" Probleme miteinander mathematisch zu vergleichen, und nichts merken, weil der Fehler immer der gleiche ist: Probleme werden größer, wenn man sie tatsächlich anpackt.

Bei der Softwareentwicklung kommt es oft zu Katastrophen. Darüber zerbrechen sich bekanntlich viele gut angezogene Experten den Kopf. Wie kann ich einschätzen, wie groß das Softwareentwicklungsproblem ist? Wie viel Zeit und welche Ressourcen wird das Projekt benötigen?

Der Vertrieb des IT-Dienstleisters: „Wir sollten das Projekt sofort und auf der Stelle mit 10 Prozent Rabatt verkaufen, dann mache ich noch schnell meine Verkaufsquote. Ich bekomme nämlich einen Bonus, wenn das Projekt dieses Jahr noch fertig und bezahlt wird." Der Kunde: „Ich hätte es gerne noch viel früher fertig, weil ich befördert werde, wenn es sehr schnell geht. Und ein bisschen mehr Rabatt, bitte!" Der Abteilungsleiter beim IT-Dienstleister: „Ich mache mehr Gross Profit, wenn es schnell geht. Ich möchte, dass wir sofort auf der Stelle anfangen, auch wenn wir noch keine fertige Planung haben. Ich habe hier nämlich Leute unbeschäftigt rumsitzen („on the bench"). Wenn ich diese Rumsitzer noch schnell unterbringen könnte, würde ich sogar einen Rabatt akzeptieren. Die Mindereinnahmen können wir ja durch unbezahlte Überstunden dieser Low Performer leicht ausgleichen, die sollen froh sein, wenn sie überhaupt wieder ein Projekt haben." Der IT-Superexperte: „Ich selbst könnte es superschnell machen, kein Problem, ich habe aber keine Zeit. Ich bin praktisch in jedem Projekt verbraten, weil ich überall da eingesetzt werde, wo es Probleme gibt." – Sein Chef: „Oh, dann nehmen wir einen anderen Experten, der mehr Zeit hat, weil er rumsitzt, dann geht es noch viel schneller. Oft sind die schlechteren Experten die besseren, weil sie nicht so viele Probleme sehen und deshalb schneller fertig werden." Der Boss beim Kunden: „Wenn es noch einen Tick schneller geht, nehme ich das Projekt, aber ich verlange dafür mehr Rabatt, ich will schließlich auch etwas von dem Kuchen abhaben." Usw.

Jetzt erkennen Sie bestimmt an dieser hochprofessionellen Situation, dass es überhaupt allen darum geht, überaus effizient zu arbeiten, also das Projekt in Nullzeit ohne Geld und ohne Experten hinzubekommen. Wenn man das schafft, Nullzeit und Nullbudget, kostet das Projekt eigentlich nur Beförderungen und Boni. Da sich darin alle vollkommen einig sind, suchen sie zum Schluss nur noch den Projektleiter, der das so umsetzt, wie sie es alle ohne sein Wissen vorher „geplant" haben: schnell. Der neue Projektleiter soll das Projekt wirklich anpacken. Sie finden dafür natürlich keinen erfahrenen Projektmanager, weil ein solcher, den man in der römischen Armee Veteran genannt hätte, schon einmal Scheinzwerge aus der Nähe gesehen hat. Erfahrene Projektleiter sind auch gerade deshalb nicht da, weil sie als Trouble Shooter unterwegs sind. Nein, sie finden einen jungen Projektleiter, der sich „die Sporen verdienen möchte" und das Projekt als Möhre vor die Nase gehängt bekommt. Das freut den Kunden auch, denn er möchte keinen der früheren Projektleiter, die ja Mist gemacht haben. Der Neue geht dann noch unbeleckt und unverzagt ganz allein auf den Scheinzwerg zu. Und er endet ganz sicher wie Arthur Gordon Pym (bei Poe) bei den Entsetzensschreien „Tekeli-li!"

Na, jetzt ist mir gerade die Tastatur ausgerutscht, es gibt ja auch gute Projekte, das ist immer wieder auf den Konferenzen zu hören. Bei den Scheinzwergen aber kommt es regelmäßig zu Katastrophen. Projekte verlaufen gut, wenn die Umsetzung des PowerPointPlans das Problem löst. Scheinzwerge sind aber nicht auf PowerPoints, sie passen weder in das 4:3- noch in das 16:9 Format …

Bitte nicht alles per Fernblick!

Mich irritiert diese selbstverständliche Naivität, die Dinge aus der Ferne schon gut beurteilen zu wollen. Die Manager und Politiker sagen mir alle, sie hätten Erfahrung. Warum aber dann die Querelen um den Stuttgarter Bahnhof? Warum immer neue Milliarden? Warum sagen sie hinterher „Es war doch komplizierter als wir dachten"? Warum schwören sie jedes Mal, sie hätten aus den Vorgängen gelernt? Es liegt daran, dass die da oben irgendwie nicht wissen, dass sie es die ganze Zeit mit einem Scheinzwerg zu tun hatten. Sie glauben an Zufälle, Unglücke, individuelle Fehler und unglückliche Einschnitte durch Wahlen. Oder sie verwandeln absichtlich Riesenprobleme in Scheinzwerge, um Billigangebote bei Bietergefechten abgeben zu können. „Nach unserer Schätzung vom weitem ist das Problem so und so viel Meter groß. Wir bieten die Lösung zu so wenig und so wenig Euro pro Millimeter an. Berechnet wird nur die tatsächliche Größe des Problems, die wir hier nur unverbindlich und sehr konservativ anhand der noch wenigen Daten darüber geschätzt haben."

> Wer Scheinzwerge und Scheinriesen immer nur aus kommoder oder wohlfeiler Entfernung sieht, kann nichts lernen. Nie. Nie!

Haben wir nicht alle geglaubt, dass wir bei der Wiedervereinigung nur die DM in der DDR einführen müssten? Wir lösten damals das ganze Problem mit einem kühnen Streich, der so mutig war, dass damals viele warnten und weinten: Der Westen benahm sich „hochgutmütig" und entschloss sich zu einem Augen-zu-und-durch-1:1-Wechelkurs für die DDR. Dafür sollte das Problem aber auch schnell und wirklich und ganz endgültig vom Tisch sein. Hat damals je einer vermutet, dass sich das Problem über Jahrzehnte hinzieht? Hat jemand die ungeheuren Verwicklungen bedacht, dass man ja erst Autobahnen und andere Strukturen aufbauen musste? Dass Gewerbegebiete und Sanierungen, Unternehmensgründungen und Knowhow-Transfer her mussten? Der Westen: „Wir zahlen denen die Schulden, dann muss es aber auch gut sein." Keiner schaute sich die Notwendigkeiten und Zwänge des Systemwechsels an. Die so genannten Ossis waren dem Scheinzwerg näher als die Wessis, sie muckten gefrustet über die Scheinzwergignoranten. Das nahmen die Präsentations-Wessis den Ossis übel, denn sie ahnten den Scheinzwerg ja nicht. „Die sollen erst mal lernen, hart zu arbeiten. Die sollen sich verantwortlich fühlen."

Hat jemand gelernt? Nein. Es hat sich mit der Zeit beruhigt. Die Finanzkrise kam. Die Medien berichteten bis zum Erbrechen oft, dass ein bisschen Bankkollaps nur eine rein theoretische Finanzkrise wäre, die aber keinerlei Verbindung zur Realwirtschaft hätte. „Auf die tägliche Arbeit wird die Finanzkrise keine Auswirkungen haben." Auch ein Scheinzwerg! Noch heute lecken sich alle die Wunden. Ob sie den Scheinzwerg überhaupt gesehen haben? Wissen sie wenigstens heute (!), dass es ein Scheinzwerg war und ist? Nicht einmal das kann ich glauben. „Die Finanzkrise war einfach eine Blase. Wir haben einen kleinen Fehler gemacht, nämlich, Lehman Pleite gehen zu lassen."

Heute debattieren wir über Griechenland. Scheinzwerg as usual. Gerade ist einmal wieder eine „Einigung" erzielt worden. „Wir zahlen 86 Milliarden, nun muss es aber endlich gut sein. Wir können nicht unendlich zahlen." Die Hardliner, die ganz weit weg vom Scheinzwerg Griechenland stehen, fordern Einschnitte: Einsparungen, Steuererhöhungen und persönliche Opfer jedes Griechen. Ansonsten soll Griechenland genau wie Lehman Pleite gehen – basta! Auf der anderen Seite stehen die prinzipiellen Übergutmenschen, die einem naiven Parzival gleich die Ideen der Solidarität und des Europäischen Gedankens um jeden Preis kristallrein bewahren wollen, koste es, was es an Nicht-ihrem-Geld wolle. Da stehen sie weit weg vom Scheinzwerg und debattieren DDR-Like: „Gebt den Griechen ein bedingungsloses Grundeinkommen und erlasst alle Schulden" gegen „Die sollen mal arbeiten. Die sollen sich verantwortlich fühlen." Diese Standpunkte sind intellektuell nach zwei Minuten Meeting klar. Noch näher traut sich kaum jemand an den Scheinzwerg heran.

Keiner packt das konkrete lokale Problem an. Griechenland ist überall. Scheinzwerge sind überall. Sie packen nicht das komplizierte Softwareentwicklungsprojekt an, nicht den ERP-Einführungsscheinzwerg, nicht die Finanzkrise, nicht die Steuersysteme und Wettbewerbsrückstände Griechenlands, keiner die verpfuschten Großprojekte.

Sie alle scheinen zu glauben, sie sähen aus der Ferne ausreichend genau. Hilfe, das stimmt nicht, geht doch alle näher heran! Alle ihr Hardlinder und Grundsatzidealisten!

Von weitem lassen sich immer Zweizeilerlösungen finden, die die Welt erlösen (Buddha: „Lass ab von Hass, Gier und Verblendung"), aber die Sache gestaltet sich immer dann schwierig, wenn es ins Detail geht, wenn also das Problem nicht nur theoretisch gelöst wird, sondern ANGEPACKT.

Scheinriese und Scheinzwerge aus der Ferne

Die Unternehmen lieben natürlich eher die Scheinriesen. Sie verquasen deshalb sehr viel Zeit in Meetings, um Visionen zu entwerfen, die dann meist so ähnlich wie „Wir-im-Jahr-2030" oder kurz „Win 2030" genannt werden. Als Jahreszahl nimmt man die größte Zahl, die nicht verrückt klingt. Heute ist das vielleicht 2030. Die Vision soll die Mitarbeiter zu Aktivitäten anregen, bis zum Jahr 2030 oder auch 2025 (10 Jahre von heute) dieses noch ganz vage gesteckte Ziel immer konkreter anzupeilen und natürlich zu erreichen. 2030 ist sehr weit weg. Visionen können und sollen daher sehr „bold" oder motzig sein, es besteht ja noch keine Gefahr, daran arbeiten zu müssen.

Ich muss ja immer artig sein, wenn ich selbst mal berate, aber es juckt mich doch in den Fingern, das betreffende Unternehmen bei der 2030-Konstruktion seiner Sehnsüchte zu fragen, wie sehr denn die aus dem Jahr 2000 stammende Vision für 2015 in ihren Köpfen für Unruhe sorge. Denn die Vision 2015 stehe ja jetzt gerade kurz vor dem Wahrwerden?! Da würde doch sicher im Augenblick letzte Hand angelegt?! Ich frage das lieber nicht, denn ich weiß, dass sich ein Unternehmen an die Vision 2015 absolut nicht mehr erinnern kann. Das will das Unternehmen auch nicht, weil wir ja alle gerade auf 2030 „ausgerichtet" werden.

Wir sehen also, dass die Vision 2015 aus dem Jahr 2000 eine Art Scheinriese war, der nun klein geworden ist und zur Vision nicht mehr taugt. Die Vision 2015 ist schon lange aus unseren Köpfen verschwunden, wir hatten nämlich zwischendurch auch Visionen für 2020 und 2025, und die haben wir auch schon vergessen. Genau das ist der Grund, warum jetzt eine für 2030 ersonnen werden muss. Ein neuer Scheinriese wird aufgestellt. Wenn der bei sachter Annäherung zu klein wird, muss ein neuer her.

Man hat zum Beispiel versucht, unsere alte Industrie von der „steinalten" Version 1.0 auf dann 2.0 upzugraden. Wenn man dann aber 2.0 so ein bisschen real sehen kann, verblasst der Neuigkeitswert von 2.0 sehr stark. Stattdessen wird irgendwie deutlich, dass man nun echt an der Umsetzung von 2.0 arbeiten muss. Wenn aber die Vision als reiner Scheinriese konstruiert wurde, wird sie nun kleiner. Wenn man die Vision aber als ZIEL auffasst, das man wirklich erreichen will, dann stellt sich heraus, dass es sich bei 2.0 um einen Scheinzwerg handelt. Es hagelt jetzt Arbeit und Kulturwandel. Noch einmal zur Klarstellung:

- Visionen sind oft Scheinriesen.
- Wer Visionen als Ziele missversteht, hat es oft mit einem Scheinzwerg zu tun.

Wenn also Visionen älter werden, drohen sie sich in Ziele zu verwandeln, woran geschuftet werden muss. Dann ist es Zeit, eine neue Vision zu kreieren. Deshalb ist die Vision „Industrie 2.0" kassiert worden und versuchsweise durch 3.0 ersetzt worden, was aber keinen Sinn machte, weil 3.0 auch gleich nach 2.0 kommt – die Arbeit ist zu nahe dran. Man ließ also 3.0 aus und gestaltete mit viel Detailwissen und großer Vorstellungskunst vieler Gremien die Vision „Industrie 4.0", weil dabei echt nicht klar ist, was es bedeutet. Diese Unklarheit kann in Deutschland nur durch wissenschaftliche Untersuchungen beseitigt werden, sodass die unklare Vision zuerst lukrative Forschungsaufträge für Wissenschaftsinstitutionen nötig macht, die erst lange ausgeschrieben werden und dann als Zeitmaß die Dauer einer Arbeit an einer durchschnittlichen Dissertation erfordern.

Bei „Industrie 3.0" hätte man ja keine Zeit mehr zum Forschen gehabt. Man muss also etwas als Vision hinstellen, was so unklar ist, dass erst noch erforscht werden muss, was das, was man will, eigentlich ist oder sein soll. Wenn man das endlich weiß – nach

Wissenschaftserkenntnis und Lobbykorrektur – dann ist es höchste Zeit für eine neue Vision, zum Beispiel „Industrie 8.0". Die Zahl 8 ist für Visionen nicht so gut, das hat auch Microsoft gemerkt, man geht also Apple nach und nimmt dann bestimmt „Industrie X" (wie römisch 10), danach dann „Industrie XY". Immer neue Scheinriesen!

Erinnern Sie sich noch an meine allerallererste Kolumne hier? Die war von 1999 und hieß „Rundum Business Intelligence". Darin beschwor ich Sie, bitte doch anzuerkennen, dass das alles nicht so einfach ist, sondern Arbeit bedeutet. Alle die leidigen Probleme mit den Daten deutete ich in drei aufeinanderfolgenden Kolumnen an. Lesen Sie das alles doch noch einmal mit über 15 Jahren Abstand! Diese Kolumnen sind bestürzend aktuell. Heute kümmert es natürlich niemand mehr, was „Business Intelligence" ist, weil es sich herausstellte, dass es sich bei Annäherung um einen Scheinzwerg handelte. Deshalb gibt es eine neue Vision, die „Big Data" heißt. Die wird heute schon wieder ein bisschen alt, auch „Cloud" zeigt schon Schwächen, wenn die Vision zu einem Ziel mutieren muss.

Wir müssen wohl demnächst von Cloud auf „Universal Integration" wechseln, was ich hiermit vorschlage. Ich finde auch „Datarization" ganz gut, weil ich nicht wirklich weiß, was es sein soll. Ich kann aber Keynotes darüber halten. Es liegt nahe, Konferenzen zu veranstalten, die „Fluch und Segen der Datarization" zum Oberthema haben könnten. Wir müssten uns auch stärker um die „Sicherheit von Datarization" kümmern, ganz allgemein um Turturization immer neuer Themen, die ja von Politikern „besetzt" werden müssen. Es ist wichtig, neue große und leere Themen-Länder schon einmal als Erster zu besetzen!

Das lästige und danach fällige Besiedeln ist dann solange Vision, wie es nicht in ein konkretes Ziel ausartet.

„Gott sieht alles." Dieses Wort sollte einst helfen, mich zu erziehen. Ich nahm aber stets nur an, dass er allzu große Fehler sehen würde. Die ließ ich besser sein. Denn ich fürchtete Gott. Ich hoffte, dass er das Gute in mir sehen könnte, und dachte, er könne sich sonst unmöglich stark für mich interessieren. Denn der Menschen sind viele, wie Sandkörner am Meer.

Kennen Sie diese Einleitung noch? So beginnt meine Kolumne über das Panopticon. Sie erschien 2006 und gab dem damaligen dicken Informatik-Spektrum-Kolumnenband den Titel.

Das Panopticon

Das Wort Panopticon hat zwei Bedeutungen: „Man kann hier alles Mögliche sehen" und „Ich sehe alles". Hier verwende ich es in der zweiten Bedeutung. Sie stammt von Jeremy Bentham, der eine Gefängnisarchitektur vorgeschlagen hat, wie man mit einem einzigen Wachmann Hunderte von Gefangenen observieren kann. Alles rund um diese Idee habe ich Ihnen ja schon in der Kolumne von 2006 geschildert. Hier also nur ganz kurz:

Ein Panopticon-Gefängnis ist ein Rundbau, in dessen Mitte ein einziger Wachturm errichtet ist. Um ihn im Zentrum herum sind die Gefängniszellen angeordnet. Sie sind nach innen offen einsehbar. Vom Wachturm aus kann man mit einem Teleskop genau in alle Zellen spähen und durch diese immer bestehende Möglichkeit die Gefangenen disziplinieren.

Solche Gefängnisse sind wirklich gebaut worden, zum Beispiel in den 20er Jahren auf einer kubanischen Insel. Auf der Abb. 12.1. sehen Sie in das Innere einer Ruine des dortigen „Presidio Modelo" (mehr in der Wikipedia). Das Foto zeigt einen der fünf Rundbauten, die auch einmal Fidel Castro selbst beherbergt haben. Das Gefängnis wurde unter ihm weiter benutzt und erst 1967 geschlossen.

© Springer-Verlag GmbH Deutschland 2017
G. Dueck, *Im Digitalisierungstornado*,
https://doi.org/10.1007/978-3-662-54879-0_12

Abb. 12.1 „Presidio-modelo2" by I, Friman. Licensed under CC BY-SA 3.0 via Commons –
https://commons.wikimedia.org/wiki/File:Presidio-modelo2.JPG#/media/File:Presidio-
modelo2.JPG

In der damaligen Kolumne versuchte ich, Ihnen mein Unbehagen zu vermitteln, dass
wir in der Arbeitswelt in einer Art Panopticon gefangen gehalten werden. Man beobachtet
uns ständig, sodass wir unter der Furcht, beobachtet zu werden, uns so benehmen, wie es
die Macht hinter dem Teleskop im Innern wohl möchte. Die Macht im Innern aber sagt gar
nicht so genau, was sie alles an uns beobachtet – und so benehmen wir uns dann vorsorg-
lich noch besser als es wahrscheinlich von uns erwartet wird. Viele von uns binden sich
zum Beispiel lieber doch einen Schlips um, wenn der „Dresscode" nur „business casual"
verlangt. Und solche vorbildlich-ängstlichen Leute erlegen sich im Panopticon denn auch
einen härteren „Conduct Code" auf als den, der über das Teleskop mutmaßlich kontrolliert
wird. „Bloß keinen Fehler machen!"

Heute, fast zehn Jahre später, „haben wir den Salat". Ich habe Sie damals gewarnt, dass
Sie als Mittäter in der IT mittels Computern und Netzen an einem maßlos großen und mächtigen Teleskop bauen, unter dem wir dann alle bald ächzen werden. Heute stöhnen wir wirklich. Die NSA hat seither genau ein solches Panopticon erschaffen, sie steht am Teleskop.
Sie bewacht uns über unsere Handys und Internetklicks. Jeremy Bentham, der Erfinder der
Idee, schwärmte schon 1791 davon, dass es gar nicht notwendig wäre, durch das Teleskop zu
schauen! Es würde reichen, dass wir Gefangenen fürchten müssten, da wäre doch einer, der
uns kontrolliert. Es ist die bloße Möglichkeit von Radarfallen, die uns schon diszipliniert.

Torheit! In der Presse wird immer wieder über die NSA gelästert, dass sie mit gigan-
tischem Aufwand forsche, aber praktisch gar nichts „aufdecke". Die NSA ist aber doch

eine Disziplinierungsmacht. Sie wirkt wie eine Radarfalle, die jeder kennt. Niemand wird bestraft, aber alle fahren brav.

Das Netz-Panopticon

Jetzt entstehen immer mehr Teleskope im Netz. Man bewacht uns. Man will unsere Daten. Alle sammeln!

- Google,
- Amazon,
- Twitter,
- eBay,
- Facebook,
- „Rotlicht"

und viele, viele mehr. Sie wollen eigentlich nicht, dass wir uns gut benehmen, sondern wir sollen spontan Geld ausgeben – wir sollen kaufen, was gerade angeboten wird. Oder: Wir sollen einfach auf Werbung klicken, egal was gerade angeboten wird. Schon das bringt dem virtuellen Prospektausträger viel Geld.

An diese Sammelwut haben wir uns langsam gewöhnt. Da sind eben Geschäftsleute im Netz, die uns dienen und umsorgen. Sie stellen sich auf unsere Wünsche ein und umwuseln uns mit Verlockungen. Das finden wir so angenehm, dass wir es zulassen, dass sie unsere Privatsphäre kennen.

Zunehmend interessiert man sich aber im Netz für Aspekte unseres Privatlebens, die wir heute zwar schon kennen, aber irgendwie noch nicht ernst genug nehmen. Zum Beispiel:

- Fintechs surfen im Netz und schätzen unsere Kreditwürdigkeit.
- Unternehmen betreiben „People Analytics".

Im Internet gibt es jetzt unübersehbar viele neue Startups, die sich mit neuen Bezahlsystemen oder anderen Finanztransaktionen befassen. Die ersten Micropayment-Systeme entstehen nun wirklich, Apple und Google versuchen die nächsten Standards nach PayPal zu setzen. Die neuen Unternehmen heißen „Fintechs", „Financial Technologies". Eine Gesellschaft in Deutschland hat sich noch schnell in FinTech Group AG umbenannt – sehr schlau! Jetzt kommen Sie beim Surfen nicht mehr um dieses Unternehmen herum.

Stellen Sie sich folgende Lösung vor: Sie haben eine FinTech-Smartphone-App. Über diese fragen Sie Ihr Smartphone: „Kredit?" Die App antwortet: „Wie viel?" – „5.000 Euro, bitte." – Die App meint: „Ich biete 5,99 % an. Deal or No Deal?" Zwischendrin aber hat die App im Netz nach Ihnen geschaut, also selbst gesurft oder vielleicht auch bei Anbietern mit Wissen, wie es Google hat, die wichtigsten Erkenntnisse über Sie gekauft. Der Zinssatz des Kredites ist dann auch ganz eigens für Sie, es ist nicht der aus der Schalterhalle einer Bank. Ihre Kreditwürdigkeit ist aus dem allgemein zugänglichen Netz geschätzt worden. Daraufhin berechnet man die Kreditkonditionen ad personam für Sie! Im Grunde ist das Netz jetzt eine Art Teleskop, das in Ihre Gefängniszelle schaut und Ihre Zuverlässigkeit beim Abzahlen von Krediten beurteilt.

Uiih, jetzt bekommen die Ballermann-Fotos von Ihnen auf Facebook eine ganz neue Farbe, nicht wahr? Sie zahlen viel Geld dafür, sage ich Ihnen. Die ungünstigen Informationen über Sie kennen Sie vielleicht nicht einmal selbst. Das Netz ist nicht so fair wie eine Radarfalle – die blitzt ja hell auf! Sie wissen sofort, was es geschlagen hat. Aber um Ihre Kreditwürdigkeit haben Sie sich wahrscheinlich kaum Gedanken gemacht. Nun aber wird Ihnen Ihre ganze Vergangenheit unter Kriterien durchgehechelt, von denen Sie nie zu träumen wagten. Bei der Bank ist das anders: Wenn die Ihnen einen Kredit gewährt, fragt sie nach – sie verraten der Bank dann bestimmte Wahrheiten, verschweigen andere Konten und verhandeln. Es ist einigermaßen transparent für Sie. Für die Bank auch, aber die wird ja belogen, weil Sie das günstige Tagesgeldkonto im Netz verschwiegen haben, und auch, dass Oma immer die halbe Rente für die Familie herschenkt.

Die Fintechs leben nun von der Idee, dass das Surfen im Netz eher bessere Ergebnisse über „Sie als Risiko" liefert, als es Ihre wahrhaftigen Auskünfte hergeben. Dann ist eine Milli-Sekunde Surfen besser als eine Stunde Palaver und Formularkram in der Bank, was dieser 100 Euro Kosten verursacht. FinTech-Kredite sind damit in der Lage, kostengünstiger anbieten zu können … Die etablierten Banken können sich warm anziehen, Sie eventuell auch. Vielleicht sind Sie ja so einer, der sich darum kümmert, dass im Netz nichts über ihn steht. Hmm, das gibt allerdings zu denken. Nicht kommuniziert ist auch etwas gesagt. Cum tacent clamant. Dann sind Sie jemand, der dem Netz prinzipiell misstraut, etwas zu verbergen hat oder ganz unwichtig ist. Was sagt dann die App? Es wird wahrscheinlich teurer, weil die Ungewissheit der App für diese eben „Risiko" bedeuten muss.

Unternehmen betreiben zunehmend „People Analytics". Das können sie extern für Bewerbungen betreiben oder auch intern – im Netz oder im Intranet. Im Social Web gibt es viele Kennzahlen über Sie und in den Anwendungen eines Enterprise 2.0 auch. Es ist vollkommen klar, dass gut vernetzte Menschen erfolgreicher im Beruf sind. Eine der Binsenweisheiten ist diese: „If you want something done, ask a busy person." Das sagte wohl einst Benjamin Franklin, wahrscheinlich mit „man" hinten, aber mit „person" hat es auch Lucille Ball viel korrekter ausgedrückt – so heißt es im Internet.

Man muss vernetzt sein, viele Kontakte haben, mit vielen Menschen vertraut sein und vor allem die richtigen Menschen zum Business Friend haben. Früher sprach man ganz ohne Internet von Seilschaften – sehr eindimensional! Heute findet man, es komme auf Connections an.

Ihre Verbindungen kann man nun im Netz anschauen:

- Freunde bei Facebook
- Kontakte bei LinkedIn oder Xing
- Follower bei Twitter oder Google+

Haben Sie eine Homepage? Deren Ranking lässt sich im Netz abfragen. Sie können eine Traffic-Schätzung der Seite abrufen, den Werbewert Ihrer Homepage erfahren und auch so etwas wie einen inhaltlichen Wert (PageRank von Google). Internet-Portale wie Klout messen Ihren sozialen Impact, bei CircleCount können Sie Ihre Wirkung über Google+ überprüfen, bei Twopcharts Ihre Twitter-Statistiken einsehen, jeweils über viele Jahre!

Klout hat früher einmal erklärt, wie Sie dort klassifiziert werden:

- Sind Sie ständig da oder nur gelegentlich-unstetig?
- Beobachten Sie nur oder partizipieren Sie?
- Sind Sie breit interessiert oder fokussiert?
- Teilen Sie Inhalte oder erzeugen Sie neue?

Dann werden Sie entsprechend als „Broadcaster" oder „Thought Leader", als Specialist" oder „Dabbler" eingestuft. Sind Sie der Maßgebende, der Trendsetter, der Fachguru oder nur ein Surfer? Haben Sie ein großes Netzwerk? Haben Sie Celebrities zum Freund oder nur ein paar iPaddler? Sind Sie ein Schwerpunkt im Netzwerk, also ein wichtiger Knotenpunkt (ich habe mich gerade vertippt und wollte Kontenpunkt schreiben)?

Genau dieselben Analysen könnte die HR-Abteilung Ihres Unternehmens betreiben. Sind Sie fokussiert oder breit, engagiert oder nur still nutzend? Oder – um es auf die eine HR-Formel zu bringen: Sind Sie motiviert? Sind Sie die „busy person", die eine Goldene Hand im Vertrieb, eine Goldene Nase fürs Business oder einen Grünen Daumen für Menschen hat?

Sie stehen im Panopticon zur Schau. Man trackt Sie. Sie wissen nicht, was man an Ihnen sehen will. Sie wissen nicht, wer warum auf Sie schaut. Und in Anlehnung an Mackie Messer:

Und die einen stehn im Dunkeln,
Und wir andern stehn im Licht.
Doch man sieht nur uns im Lichte,
Die im Dunkeln sieht man nicht.

Reputation & Social Brand

Nun wird es langsam ernst damit, dass wir eine gute Figur im Netz abgeben müssen. Das Netz macht Sie unsterblich – und besonders alles, was Sie je gesagt haben. Das stimmt nicht so richtig, weil irre viel verschwindet, wenn große Netzwerke sterben und mit ihnen die Daten. Aber zum Vorbereiten auf die Zukunft ist es sinnvoll, sich das in eben dieser Weise vorzustellen: alles bleibt da.

Die Grundfrage lautet: Wie wollen Sie im Netz erscheinen? Gar nicht? Das hat dann die zum Teil eben beschriebenen Folgen, wenn andere Menschen Sie kurz einmal im Netz kennenlernen möchten. Wollen Sie eine Homepage pflegen? Da gibt es viele mit „letzte

Änderung vor vier Jahren", sie erscheinen wie eine Baustelle aus der Blütezeit einer kurzfristigen Laune. So etwas sollten Sie vielleicht löschen?

Ist Ihre Webseite rechteckig-ärmlich-unansehnlich? Viele Uni-Institute haben so etwas – na gut, die E-Mail findet man, wenn die noch existiert.

Welchen Eindruck haben Sie von sich selbst, wenn Sie „Ego-Surfen" betreiben? Stimmt das Bild von Ihnen im Netz mit dem überein, wer Sie sind oder als wer Sie gesehen werden wollen?

Im Augenblick schießen die Coaching-Institute aus dem Boden, die Ihnen „Reputation Management" als Service bieten und Ihnen zu einem Markenzeichen im Netz verhelfen wollen, zu einem „Social Brand". Wofür sind Sie bekannt, wofür wollen Sie bekannt sein? Wer soll Sie kennen, wer lieber nicht? Sieht Ihr Bild beim Googeln konsistent aus? Sieht man Sie nur auf Urlaubfotos oder auch einmal bei einer ehrenamtlichen Tätigkeit?

Für viele, die noch ein geordnetes Dauerleben bis zur Pension erwarten, mag ihr Anblick durch das Teleskop im Panopticon gleichgültig sein. Ich warne! Alle erwarten, dass es – auch besonders in der IT – zu Zuständen wie heute schon im Journalismus kommt, wo man hauptsächlich Freie Mitarbeiter beschäftigt. Diese „Freien" oder „Freelancer" sind nicht nur die „atmende Reserve", für die man sie ausgibt – es wird immer weniger Festangestellte geben. Und die Leute mit den festen Stellen werden ebenso oft wechseln wie die anderen. Dann schaut man Sie aber viel öfter an! Ihre Kreditwürdigkeit wird auch immer wichtiger, wenn Sie keine Dauerstelle haben!

Ich bin einmal gespannt, was bald herauskommt, wenn die Mehrheit von Ihnen es langsam ernst nimmt und sich um die richtige Art von Bekanntheit im Netz kümmert.

Dann werden viele von Ihnen faken, was das Zeug hält. Man funkt alle Leute an: „Sei mein Freund, mein Kontakt, mein Follower!" Man schreibt nur noch artiges Zeug im Netz. Man liked, was man liken sollte.

Man setzt Videos auf YouTube ins Netz und sorgt unermüdlich für hohe Viewer-Zahlen und wirbt für Abonnenten für den eigenen Channel, so wie sich die Wissenschaftler um Hirsch- und Impact-Faktoren kümmern, vielleicht auch Zitierkartellen beitreten, zu gute Noten geben (steigert den Promovenden-Output) oder zu schlechte Noten geben (zeigt unbarmherziges Commitment für Exzellenz). Was die Wissenschaftler als Exzellenz-Initiativen-Antragslyrik oder Unternehmensmitarbeiter als Angebots-PowerPoint-Bastelei kennen, müssen sie nun wohl auch auf ihr Privatleben anwenden.

Das müssten Sie doch gut können? Sie krümmen sich gerade unter den Review-Teleskopen des Business-Panopticons, da sollte es leicht sein, sich gegenüber den vielen anderen Beobachtern im besten Lichte zu zeigen.

Die Informatiker sorgen sich immer um die Datenprostitution (von prostituere = [auch gegen Entgelt] preisgeben). Vielleicht mündet es in Datenexhibition? Und wer es nicht gut hinbekommt, merkt unter Umständen, was eine Datenexponierung zur Folge haben könnte?

Volkswagening, Ingenieursethik und Supramanie

Es gibt ein neues Wort, natürlich aus Amerika: „Volkswagening", das Betrügen mit Software. Das Vertrauen ist hin. VW ist um einen Wiedergewinn bemüht. Irgendwie sind die meisten Leute ja gar nicht sooo böse. Die meisten meinen: „Sicherlich betrügen uns alle. Alle!" Dieses „Wissen" macht uns offenbar gegen große Enttäuschungen immun. Ist das nicht schrecklich?

Von „Schläue" zu Kriminalitätsnähe und gleich noch weiter

Im letzten Jahr habe ich hier an dieser Stelle mit Ihnen über „die stille Good-Enough-Revolution" nachgedacht. Es geht darum, dass alle Anbieter möglichst schlau absolut das und nur das oder höchstens das liefern, was sie laut Vertrag unbedingt liefern müssen. Ein Buch ist heute zum Beispiel nur noch ein Buch im allerengsten Sinne – allein der Text ist Gegenstand des Vertrages, und den einstigen Leineneinband kann man sich als Leser kaum noch vorstellen. Schinken ist nur noch Schinken, den Unterschied zu gutem Schinken schmeckt ja keiner mehr. Die großen Marken lassen es zu, dass deren Qualität kaum noch von der der weißen Ware unterschieden werden kann. Sie verlieren unser einstiges Vertrauen, dass sie Überlegenes oder Ausgezeichnetes liefern. Sie sind uns zu schlau geworden. Sie schauen auf den Profit und gaukeln uns zunehmend etwas vor. Wir haben ihre Werbung schon immer aufdringlich gefunden und nehmen sie jetzt immer weniger zur Kenntnis. Wir glauben nicht mehr daran, dass besser sein muss, was teurer ist. Qualität hat ihren Preis? Von wegen!

Wenn die Werbung aber immer weniger wirkt, muss immer mehr geworben werden, damit wir letztlich doch alles wegkaufen. Dadurch wird die Werbung noch lästiger. Wir schlagen wie eine Kuh mit dem Schwanz nach Mücken, aber dann kommen die Mücken nicht gleich dran und werden waghalsiger! Eine Todesspirale dreht sich – immer schneller.

© Springer-Verlag GmbH Deutschland 2017
G. Dueck, *Im Digitalisierungstornado*,
https://doi.org/10.1007/978-3-662-54879-0_13

Die wissenschaftlichen Grundlagen dieser „Akerlof-Spiralen" hatte ich eben in der zitierten Kolumne erläutert.

Am Ende sind die Markenversprechen faktisch nichts mehr wert, weil die namenlosen Produkte ja oft mit den Markenqualitäten nahezu „baugleich" sind. Die Fakes können kaum noch vom Original unterschieden werden, dann hilft auch Werbung nahezu nichts mehr – oder nur noch einige Zeit lang bei denen, die keine Ahnung haben oder sich mit No-Name-Bekleidung in Moskau schämen. Die Zerrüttung der einstigen Markenwerte und Brands schreitet voran.

Nichts hält diese Spirale auf. Entschlossen gehen alle in die falsche Richtung weiter. Seit einiger Zeit geht man per „Optimierung" an jede Grenze. Haben Sie vielleicht einmal die Vorlesung Lineare Optimierung genießen dürfen? Im Optimum ist immer mindestens eine Ressource restlos verbraucht – sonst ginge es ja noch besser! So ist etwa im Optimum die erlaubte Giftbeimischung erreicht, die kaufmännische Billigkeit gerade noch so nicht ganz grenzwertig oder das Vertrauen nicht vollständig verscherzt. Wenn nun an derjenigen Ressource, die restlos verbraucht ist, noch weiter gedreht wird, wird es kriminell. Dann ist ein Produkt geradezu illegal und das Vertrauen schlägt in grelles Misstrauen um.

Sehen wir uns um:

- In vieler Marken-Schokolade werden Strohreste und anderes gefunden, das scheint erlaubt zu sein, bis hin zu xy Prozent. Überhaupt enthält heute alles „Spuren von Sellerie, Haselnüssen, Senfsaat und von allem, was allergisch macht oder von Veganern gedisst wird".
- Gewisse Diesel-Autos pusten Abgase in Mengen wie 1980 in die Luft, unsere Umwelt stirbt, weil wir nicht richtig nachmessen.
- Lasagne enthält Pferdefleisch, Pizza Analogkäse, Wein Glyzerin …
- Die Gewehre der Bundeswehr entpuppen sich als Streubüchsen, vielleicht sind auch die eingelagerten Bomben ein Fake? Solange kein Krieg ist, merkt es ja niemand.
- Banken und Versicherungen fallen von Zeit zu Zeit damit auf, Hundertjährigen eine Schwangerschaftsversicherung zu verkaufen. Sie haben Software, dem Staat Milliarden an Steuererstattungen abzumogeln etc. Jetzt arbeiten sie oft dafür, Rückstellungen für Strafen anzuhäufen.
- Die Fußballweltmeisterschaften werden irgendwie verschachert, hoffentlich nicht die Ergebnisse? Dopingsünder bekommen ein paar Monate „Du-du-lass-das".
- Wissenschaftliche Studien sind zunehmend getürkt oder zusammengepfuscht, Zulassungen von Medikamenten dubios erteilt.
- Ausländisches Vieh wird blitzeingebürgert und dann mit deutschem Pass und „Aus-der-Region-Gütesiegel" ortskundig getötet.

„Im TV-Ratgeber sprechen wir heute mit einer Ziege. Hallo Ziege." – „Määähäähää." – „Oh, Ziege, wir haben hier einen internationalen Experten, der sich mit dem regionalen Meckern von Ziegen auskennt. Er wiegt gerade mit dem Kopf und meint, Sie hätten einen ausländischen Mecker-Akzent." – „Nääähäähää, ich bin regional aufgewachsen." – „Wo bitte genau?" – „In Gammelsbach." – „Oh, das hört sich aber nicht gut an. Wo ist das?" – „Im Odenwald, es ist eigentlich ein Urlaubsort, wunderschön, und für Ihre Bemerkung über die Namensschönheit bekommen Sie sicher einen Määähääää-Sturm im Netz. Worauf wollen Sie hinaus?" – „Ich möchte Sie prüfen: Was wissen Sie über Gammelsbach?" – „Gammelsbach ist mit rund 900 Einwohnern der zweitgrößte Stadtteil von Beerfelden." – „Aha, ich habe keine Ahnung, ob das stimmt, ich bin nur Moderator, da schaue ich einmal zu unserem Experten rüber." Experte: „Das ist der genaue Wortlaut des Wikipedia-Eintrags. Den muss die Ziege auswendig gelernt haben. Ziege, ich möchte Sie daher eingehender testen. Meine Testfrage: Sie wissen, dass regionale deutsche Ziegen intelligent und gut gebildet sind?" – „Määähääää." – „Dann sagen Sie mir möglichst genau, was Sie auf diesem Bild hier sehen." – „Das ist ein Haufen schon länger toter Ziegen, die neben einer Neuseeland-Lammlachsverformerei aus der Region liegen." – „Richtig! Genau richtig! Und was bedeutet diese chemische Formel?" – „Es sind Tierfutterhormone mit Erdbeeraromapilzen." – „Schaudert es Sie bei diesem Anblick?" – „Ziegen sind genügsam, das weiß jeder, sie neigen nicht zum Meckern."

„Sei nicht naiv. Alle tun es."

Im Netz habe ich dagegen gewettert, dass Täuschen und Betrug überhand nehmen. Ich habe auch meinen Kummer über VW geäußert. Nach landläufigen Vorurteilen sind Verkäufer und Manager „gierig" und neigen zum Schummeln und Faken. Deshalb setzt man sie unter Bonusdruck, damit sie überhaupt arbeiten oder noch besser faken. Man nimmt gar nicht an, dass sie von allein arbeiten möchten oder würden. Verkäufer und Manager sind „nach ihrer ganz ureigenen Natur" vorwiegend extrinsisch motiviert oder sie werden dazu gemacht, wenn sie es nicht schon sind. Wenn ihre Arbeitsergebnisse nicht stimmen, kann man nichts anderes tun, als den Bonusdruck auf sie erhöhen. So denken heute alle, weil sie es von bonuserdrückenden Beratern so lernten.

Die Finanzkrise oder die Lebensmittelgrauenhaftigkeiten müssen dann leider irgendwie hingenommen werden, weil sie ein Kollateralschaden des als unbedingt notwendigen angesehenen Drucks sind. Was aber soll man als armes Schwein unter Druck denn bloß tun? Man MUSS doch schummeln!? Manager und Verkäufer wählen die folgende sehr authentische Ausdrucksweise: „Das System will beschissen werden, also bescheißen wir es. Das weiß jeder und muss jeder wissen. Es gehört zum Überleben unter Druck."

Deshalb nehmen viele von uns gar nicht wirklich an, dass die Firmen ehrlich sind. Das Vertrauen scheint komplett über den Jordan gegangen zu sein, weil die Firmen zunehmend den Rubikon überschreiten.

Aber VW? Da sind es doch treue Informatiker und Ingenieure, die das tun! Dachten wir denn nicht, dass diese Berufsgruppen berüchtigt für ihr Berufsethos sind? Fragen Sie einmal einen Software-Ingenieur dies: „Ich kaufe Ihre Software jetzt sofort, wenn Sie mir schwören, dass keine echten Fehler mehr drin sind!" Dann wird der schwach autistische wahrheitsverblendete Informatiker bestürzend ehrlich „Oh, das beschwöre ich sicher nicht!" antworten, worauf er fortan nie mehr zum Kunden mitgenommen wird.

Haben wir nicht immer gedacht, dass die Naturwissenschaftler die Ethischen schlechthin sind? Informatiker sind so irre (ja, irre!) ehrlich, dachten wir, dass es selbst die Kunden zu sehr schmerzt. Kunden sagen: „Hören Sie bitte auf, mich auf Fehler in der Software hinzuweisen. Machen Sie mich nicht nervös. Von Ihrer Software hängt nämlich das Wohl und Wehe meiner Firma und meines Lebens ab. Ich will gar nicht wissen, dass die Software nichts taugt. Dann könnte ich nicht ruhig schlafen. Deshalb kaufe ich fast nur vielversprechende Software."

Ach, das mit der Software-Betrügerei tut mir selbst viel mehr weh als zum Beispiel eine Globuli-Panscherei. Aber wie kommentieren viele im Netz? „Das machen bestimmt alle. Reg dich nicht auf, Gunter." Sie meinen damit, dass alle Autofirmen betrügen, nicht nur VW. „Gunter, VW ist nur als Intrige zuerst erwischt worden, damit amerikanische Autos besser verkauft werden können. Aber es schummeln ohne Ausnahme alle." Hmm, das ist blank unlogisch, weil ja dann auch amerikanische Hersteller erwischt werden … Und ja, jetzt kommen Meldungen über die Verstöße anderer Hersteller herein. Gehen die jetzt alle Pleite? Dann bleibt Google mit Uber übrig …

Zurück zur Sache: Das Vertrauen scheint im Netz wenigstens im Ganzen weg zu sein. Aber das meine ich ja nicht – das Vertrauen gegenüber dem Unternehmen. Ich bin erregt über das schwindende Vertrauen in die Wissenschaftler, Ingenieure und Informatiker! Geben die jetzt auch Ethik & Ehre auf? Gibt es kein Berufsethos mehr? Wir reden über Managementethik schon lange – weil es die nur noch ungenügend gibt. Brauchen wir nun ein neues Fach? Wissenschaftsethik für Neudoktoranden?

Was wohl bei VW geschah? Ich kann mir das kaum vorstellen. Wenn ich Chef-Ingenieur wäre und über lange Entwicklungsmonate immer verzweifelter mit einer widerstrebenden Technik ringe, dann ziehe ich doch irgendwo eine Reißleine? Das muss der Legende nach bei Toyota JEDER Mitarbeiter am Fließband tun, wenn er ein Problem sieht, oder? Wenn ich so ein großes Problem sehe, leide ich doch wie ein Hund und gehe sofort zum Management, beichte die Problematiken und bitte um die Erlaubnis, andere Optionen ausloten zu dürfen! Dann würde ich das doch alles mit den Oberingenieuren in langen Meeting-Tagen ausdiskutieren, oder? Wieso weiß dann niemand etwas von Problemen in einem unternehmensentscheidenden Sauberdieselprojekt, das sich über Jahre der Entwicklung hinzieht? Messen die Autofirmen denn selbst nur auf den theoretischen Prüfständen? Haben die keine Messmethoden für die Realität? Wenn sie die hoffentlich haben – warum messen sie nicht die Abgaswerte der Konkurrenz, um informiert zu sein? Ich meine: Wenn ich Chef-Ingenieur wäre und das mit dem Diesel nicht hinkriege, dann würde ich mich doch wundern, dass die Konkurrenz es kann. Wie denn? Dann würde ich doch nachmessen, ob alles okay ist – auf der anderen Seite?

Seltsam und verstörend. Die Zeitungen sagen, es herrsche ein Klima der Angst in den Unternehmen. Dann wäre es so, dass die Informatiker zwar ethisch und ehrlich sind, aber alle Angst haben und deshalb eben nicht ethisch und ehrlich sind? Ich fürchte mich ein bisschen vor Erkenntnissen, dass es gar nicht um Angst ging, sondern um den Bonus für das zeitige Abliefern guter Motoren oder um die gefakte Ehre, das Unmögliche möglich gemacht zu haben. Zieht das Geld jetzt auch die letzten Mohikaner hernieder? Schleifen wir wissenschaftliche Redlichkeit und fachliche Meisterehre?

Viele kommentieren: „Alle tun es. Dann musst du mitmachen. Du hast keine Wahl. Kollektivschuld ist keine Einzelschuld." So reden sie resigniert. Oh, das habe ich aber in der Schule anders gelernt!

Trotzdem, sie reagieren resigniert böse mit solchen Sätzen:

„Seid ihr so irre naiv, Schokolade ganz ohne Stroh drin zu erwarten? Was denkt ihr denn bei diesem Preis? Wenn die Krankenkassen die Pharmagewinne aushöhlen, was sollen wir denn tun? Der Kunde will doch nur billig-billig-billig, da bekommt er eben ein Fake." – „Was sollen wir denn tun, wenn uns die verrückten Grünen angeblich weltrettende Abgasnormen einbrocken, die nicht produzierbar sind?" Das ist genau die „Logik" der Akerlof-Abwärtsspiralen – unter Not greifen die Verantwortlichen zur Unverantwortlichkeit.

Wenn aber alle ethisch wären, gäbe es keine billigen Produkte!

Grauen über die Fake-Möglichkeiten von Informatik & Statistik

Wird jetzt der Informatiker Handlanger allgemeiner Unverantwortlichkeit? Wirft die Finanzkrise der spekulierenden Algorithmen Schatten auf den Rest der Welt?

Das Szenario von VW könnte sich ausbreiten wie eine Epidemie. Informatik kann zum Beispiel helfen, Ziegen als regional hinzustellen, wenn ein Prüfer kommt. Wir unterscheiden einfach ab jetzt in allem den Prüfmodus vom Usemodus.

Neulich prangte eine Schlagzeile im Internet, sie klang etwa so: „Is Samsung Volkswagening, too?" Es ging dabei um Prüfungen von neuen Fernsehern. Mit denen spielt man einen Normfilm ab und misst dabei Farbqualität, Brillanz und zum Beispiel den Stromverbrauch. Informatiker bauen dann einfach einen Chip ein, der genau merkt, wenn auf dem Gerät der offizielle Normfilm abgespielt werden soll. Dann nutzt ein Programm die genaue Kenntnis über den Normfilm aus, um schönste Farben OHNE großen Stromverbrauch anzuzeigen. Bei anderen Filmen wird diese Optimierung nicht eingeschaltet – ist ja egal, kein Prüfer in der Nähe.

Man könnte die Studien für neue Pharmaka faken, indem man die Versuchspatienten zuerst untersucht, die Messergebnisse sorgsam protokolliert und sie dann mit Medikamenten irgendwie deutlich krank macht, sodass sie zu Beginn der offiziellen Studie in einem elenden Zustand sind. Nun erst gibt man ihnen den neuen patentierten Wirkstoff, dazu gutes Essen und viel Schlaf. Oh Wunder! Sie erholen sich! „Aha, das neue Medikament wirkt nicht nur, es verbessert auch den Allgemeinzustand."

Ich könnte zum Beispiel Diabetes-Messwerkzeuge so volkswagieren, dass sie auf Wunsch die echten Messwerte zeigen, aber bei Einstellungstests oder Krankenversicherungsanträgen von Bewerbern erstklassig gesunde Werte vorgeben.

Smartphones haben heute in der Regel Quad-core- oder Octa-core-Prozessoren, also eben vier oder zweimal vier (= acht) Prozessoren. Fast alles auf dem Smartphone läuft mit den ersten vier Prozessoren, die anderen braucht man vielleicht beim gleichzeitigen Filmen und Videoschauen oder so (wenn das geht). Man könnte doch eigentlich gleich nur zwei oder vier Prozessoren einbauen und die anderen vier bis sechs irgendwie per Software vortäuschen? Ich muss noch einmal nachdenken, wie man hier volkswagiert. Für Digital Immigrants oder Erst-Smartphonekäufer reichen vier Prozessoren allemal, die merken es doch nicht, es ist ja das gleiche Prinzip wie bei Billigbrustimplantaten. Man könnte Fernsehsendungen volkswagieren, indem man sie billig dreht und niveaulos lässt. Keiner merkt es. Man könnte wissenschaftliche Arbeiten einfach vollkommen unverständlich schreiben, sodass nie herauskommt, was sie an Wichtigem enthalten.

Ach, jetzt satirisiere ich schon wieder gar bitterlich. Ich erinnere an mein frühes Buch *Supramanie*. Es hat den Untertitel: „Vom Pflichtmenschen zum Score-Man", über den damals viele (auch von Ihnen hier) den Kopf schüttelten. Das Buch warnt(e) vor der Entwicklung, dass wir bald nicht mehr vorrangig unsere Arbeit erledigen, sondern nur die gewünschten Zahlen bzw. Scores präsentieren werden. Es geht um die einem Jeden befohlene Sucht, aktiv seine „Zahlen zu machen". Unter dieser Sucht leiden wir heute. Ich fühle mich seit 2001 wie der weinende Prophet an den Ufern Babylons. Damals wurde ich öfter harsch bei IBM gefragt, ob ich mit dem Buch „etwas Bestimmtes" anklagen wollte. Man hatte Angst, dass ich etwas über die Firma ausdrücken wollte. Wollte ich nicht. Ich wollte vor dem Volkswagieren und dem Faken warnen. Ich bekam in dieser Zeit auch zum Teil sehr böse Lesermails auf IS-Kolumnen, in denen ich vor dem Faken in wissenschaftlichen Arbeiten warnte. Habe ich denn hier nicht oft gesagt, dass auch hehrste Informatik-Professoren unter Impact-Faktor-Druck bald hinschmelzen könnten? Die Leser haben mich als Nestbeschmutzer beargwöhnt. „Wollen Sie sagen, dass wir betrügen?" – „Nein, aber bald, weil Sie zum Score-Man mutiert werden. Sie werden für Drittmittel alles tun, was Ihnen Geld bringt und dann das Ergebnis als wissenschaftlichen Fortschritt hindrehen, was aber nur Billiglohnarbeit von unterbezahlten Doktoranden war."

Supramanie ist eine krankhafte Raserei infolge der uns befohlenen Sucht, immer der Beste sein zu wollen („supra"). Vorsicht vor den befallenen Leuten, die gemerkt haben, dass man für echte Wissenschaft Monate lang hart arbeiten muss, dass aber schon ein fünfminütiger herber Zank im Team ausreicht, um sich als Mitautor auf die lange Autorenliste zu drängeln. Vorsicht vor den Suprawissenschaftlern, die sich das Recht herausnehmen (können), überall Erstautorschaft in ihrem Luftraum zu beanspruchen, was man im früheren Landadel als „Jus primae autoris" bezeichnet hätte. Vorsicht vor der Publikation von ganz unreifen und hingehauenen Hilfserkenntnissen, die wie Quickies wirken und vorzeitig als „Publicatio preacox" herausprudeln. Hilfe! Was für eine Verschwendung von Zeit und Energie, einen Impact zu volkswagieren!

Gehen wir doch einfach wieder normal arbeiten.

Bei den Ermittlungen im Abgasskandal kommt nach und nach heraus, dass ziemlich viele Ingenieure vollkommen ratlos waren, wie sie es schaffen sollten, die geforderten Motoren bauen. Aber keiner von ihnen ging mit der weißen Fahne in der Hierarchie nach oben und erklärte die Kapitulation vor einem Problem. Es hätte nichts genützt, sagen sie. Sie sollten liefern und Punkt. Seitdem heißt es: Dort habe man eine falsche Fehlerkultur. Das glaube ich nicht. Ich „blame" jetzt einmal die überall um sich greifende Überlast – ein ganz allgemeines Problem.

Fehlerkultur und Fehlermanagement

Lesen Sie sich einmal per Google-Search quer durch das Thema hindurch. Die Beiträge und Meinungen kreisen immer wieder um solche Themen:

- „Jeder macht einmal Fehler. Das ist normal und menschlich. Bitte verteilt nicht sofort die Schuld in alle Richtungen."
- „Das Six-Sigma-Qualitätsmanagement zielt darauf ab, möglichst gar keine Fehler zu machen."
- „Man muss aus Fehlern lernen und sie produktiv als Chance nutzen."
- „Natürlich darf man Fehler nicht mehrfach wiederholen. Das ist bekanntlich Dummheit."
- „Es ist wichtig, eigene Fehler schnell offenzulegen, damit das Umfeld sofort konstruktiv mit ihnen umgehen kann."

In der Pädagogik geht es um die behutsame Ausmerzung von Fehlern, indem man den auszubildenden Menschen wertschätzend und achtsam korrigiert. Schuldzuweisungen und Strafen werden als kontraproduktiv angesehen. Innovatoren sehen sich mehr als

© Springer-Verlag GmbH Deutschland 2017   95
G. Dueck, *Im Digitalisierungstornado*,
https://doi.org/10.1007/978-3-662-54879-0_14

Experimentatoren! Die probieren ja andauernd Neues aus und lernen besonders aus dem gänzlich Unerwarteten, das viele Außenstehende oft ganz unkundig als Fehler werten. Fließbandmanager dagegen hassen Fehler – und das ist verständlich, es sollen ja einfach immer nur dieselben Prozesshandgriffe abgearbeitet werden. Dort soll es nie etwas Unerwartetes geben.

Alles das läuft in der Literatur unter „Fehlerkultur", und ich habe keine Ahnung, warum. Was – bitte – hat ein Fließband (mit klar erforderlicher Störungsfreiheit) mit Unerwartetem bei Experimentieren in Wissenschaft und bei neuen Geschäftsmodellen zu tun?

Das Fließband erfordert Fehlermanagement, keine Fehlerkultur. Innovation und Wissenschaft sollten gar nicht von Fehlern reden – ich würde eine Bezeichnung wie „Experimental Design" im Rahmen einer heuristischen Informationstheorie vorschlagen. Die Frage ist doch: Wie bekomme ich möglichst ohne große Experimentierkosten bzw. –zeitaufwände maximal viel Aufschluss über noch unbekannte Wirkzusammenhänge? Speziell bei Innovationen: Wie erfahre ich schnell, was Kunden wollen, wie viel sie zu zahlen bereit sind, wie wohl Wettbewerber auf das Neue reagieren, was Investoren denken etc. Unerwartete Ergebnisse sind oft sehr herb: „Es geht nicht!" An besten Tagen kommen wertvolle Erkenntnisse zu Tage, die einem wie Glück in den Schoß fallen: Eine Erfindung gelingt, gerade weil man in unbekanntem Gebiet experimentierte. Deshalb sprechen Innovatoren auch von „Fehlerfreundlichkeit" – man muss Fehler zulassen!

Das ist irgendwie falsch ausgedrückt: Man muss mit dem Unerwarteten umgehen und es als Innovator hervorprovozieren. Aber es gibt ja auch echte Fehler bei der Innovation – die stehen in jedem Buch: Man kümmert sich zu wenig um Märkte, Kunden, Wettbewerber und Finanzen, viele Innovatoren überschätzen sich selbst in ihrem Durchsetzungsvermögen oder haben vollkommen falsche Vorstellungen über ihr Unternehmen und dessen Managementprozesse. „Sie haben mir nur Steine in den Weg gelegt! Ich kann nichts dafür!" Oder: „Alles ist gut, aber ich bekomme einfach kein Geld! In Amerika hätte ich Geld bekommen, das sagen alle. Ich könnte heulen." Oder: „Da ist plötzlich eine andere Firma dagewesen, die waren schneller, ich musste hier erst auf Genehmigungen warten." Das ist „Loser-Talk" von Leuten, die sich zu sehr mit ihrer Idee allein befassen; für sie kommt das feindliche oder schlicht dumme Verhalten des eigenen Unternehmens ganz unerwartet. Hallo? Das sind zwar Fehler, aus denen man lernen kann, aber die muss doch nicht jeder Innovator im Großunternehmen erst höchstselbst begehen, nur um selbst zu lernen?! Der größte Fehler bei Innovationen ist, dass der Innovator keine Ahnung von Innovationen hat und sein Unternehmen auch nicht – und keiner kommt auf die Idee, das vorher zu studieren.

An der Universität wünscht man sich auch Innovationen. Sind die ein Thema für sich? Ach nein. Da macht man seinen Master, und dann sagt der Professor „nun forsch mal schön an diesem Thema, wofür schon eine Förderung beantragt ist". Das Forschen an sich wird nicht zum Thema gemacht, das richtige Fragen und Explorieren ebenfalls nicht, man hat ja ein Thema verpasst bekommen. So wird eine Forschungsarbeit oft wie ein Produkt, das fertiggestellt werden muss, weil das im Plan steht – obwohl schon klar ist, dass der Kunde es nicht kaufen wird.

Ja, und dann gibt es die menschliche Seite. Menschen mögen gar nicht gerne über ihre Fehler reden. Sie versuchen dies zu vermeiden und ihre Fehler zu vertuschen. Das ist schrecklich falsch, weil sie damit das Unerwartete fürchten und verdrängen. Und wer das tut, kann von Lehrern oder Chefs nicht mehr gut gecoacht werden. Noch schlimmer: Die wirklich größeren Fehler der Menschen liegen ihrer Persönlichkeit: sie haben Angst oder überschätzen sich, sie sind emotional inkompetent oder arrogant, sie können sich nicht gut ausdrücken, kommunizieren falsch oder wirken unsympathisch. Solche Fehler kann man oft gar nicht korrigieren, weil sich die Menschen nicht einmal ansatzweise zu einer Fehlereinsicht bewegen lassen. „Hey, du bist unhöflich!" prallt als „Aha, hier herrscht eine Kultur vor, die Ehrlichkeit diffamiert!" ab. Versuchen Sie einmal einen Narzissten zu heilen, der ja zuerst einsehen müsste, nicht der Tollste zu sein. Versuchen Sie, Ihrer Mutter zu erklären, dass man besser kochen könnte … Oh, da fallen mir gleich viele hoffnungslose Fälle ein! Die menschliche Seite hat viel mit einfühlender Psychologie und Pädagogik und mit Vertrauen auf den wertschätzenden Coach zu tun …

„Overstrain Management"

Fehler hin und her – darum geht es aber im Unternehmen von heute gar nicht! Hilfe! Alle diese Gutmenschen-Theorien (naiv gute Theorien aus dem Raume der Ethik und des allgemeinen Wohlwollens) verkennen, dass wir heute fast überall durch Zielvereinbarungen glatt überfordert („overstrained") werden. Man macht Druck, fordert unaufhörlich Extrameilen und grundlose Begeisterung für beliebige Träume des Top-Managements („Wir wollen in fünf Jahren die Größten der Welt sein"). Man zeigt sich undankbar gegenüber allen unbezahlten Überstunden. „Darum geht es nicht. Wir müssen einen Rekordgewinn schaffen." Das Management scheint genau zu wissen: Dankbarkeit und Anerkennung führen zum Nachlassen der Kräfte! Der Druck muss auf dem Kessel bleiben. Das Management muss drücken und drücken!

Mehr Umsatz, mehr Impact-Punkte und Nobelpreise, mehr Gewinn! Druck führt zu „Eminenz", zu „Ingenuity", na, zu irgendetwas, was gerade das Firmenmotto ist.

Das große Leidtmotiv ist: „Leute, denen es gut geht, senken ihre Anstrengungen bei der Arbeit". Ich kann mich nicht annähernd erinnern, das Druckmachen als Erfolgsstrategie im BWL-Studium erlernt zu haben. Die Wendung „Overstrain Management" oder „Management by overstrain" erzielt bei Google keinen (!) Treffer. „Management by overload" finde ich auch nicht. Dabei ist es doch üblich, Forderungen wie „Doppelt so schnell wachsen wie der Markt" völlig intelligenzfrei unter die Mitarbeiter zu werfen? „Wir alle wollen eine der Exzellenz-Unis werden! Nun macht doch mal, es muss auch ohne Geld gehen. Ingolstadt ist in der Bundesliga gerade auf Platz 10! Geht doch auch! Ohne jeden Etat! Kommt nicht immer gleich mit billigen Forderungen nach mehr Geld. Erst eure Rekordleistung, dann können wir vielleicht über mehr Ressourcen reden!"

Bei einer Unternehmensfeier, bei der ich vor vielen Jahren eine Keynote hielt, sprach ein Jubilar aus dem Top-Management: „Seit etwa 10 Jahren haben wir begonnen, Druck auf die Mitarbeiter auszuüben. Wir forderten barsch und ohne große Rechtfertigung alle auf, viel mehr zu leisten. Wir setzten die Ziele Quartal auf Quartal höher. Sie murrten alle Zeit, aber sie brachten letztendlich Quartal für Quartal die gewünschten Zahlen. Das hat mich die ganze Zeit fasziniert und verwundert. Wir mussten kaum etwas tun, nur draufdrücken. Es ging. Ich kann immer noch nicht glauben, dass das so lange gut ging. Ich fürchte, es endet bald. Ich möchte schon jetzt sagen, dass wir an diesem Punkt keine Ahnung haben werden, wie wir dann weitermanagen." Dieser Manager ist nun schon lange in Pension. Aber der Druck lässt nicht nach.

Es passiert aber dies: Druck bedeutet ab einer bestimmten Grenze Überbeanspruchung der Ressourcen und Überstressen der Menschen. Es kommt deshalb zu Störungen und Fehlern, zu Streitigkeiten der Abteilungen und zum Stocken schlecht gewarteter Maschinen. Die Fehlerquote steigt, die Six-Sigma-Experten werden ganz blass.

In den Reviews der Ergebnisse müssen sich alle rechtfertigen, die an ihren Zielen vorbeizuschrammen drohen. Die gefährdeten Manager haben Angst, sie spüren zunehmend seelische Blockaden bei der Tagesarbeit, wenn sie wissen, dass ihnen beim nächsten Review „Prügel drohen". Wer zu oft versagt, muss mit einer Seitwärtsbewegung in der Karriere rechnen, von den ausfallenden Boni und Hierarchieabstürzen ganz zu schweigen. Sie zittern vor jeder Reorganisation – stehen sie danach noch auf einem würdigen Platz auf dem Org-Chart? Diese Angst im Management ist durchaus so gewollt, denn so geben sie alle ihr nervöses Zittern fast gewaltwortig nach unten weiter.

Fehlerkultur in der überforderten Zone

Das Management benutzt bestimmte Wortwendungen zum Überfordern: „Ich akzeptiere hier kein ,Geht nicht'. Das gibt es bei mir nicht." – „Sie müssen nicht wegen jedem Wehwehchen herumjammern. Leute, ihr seid als Problemlöser eingestellt. Ich habe fünfzig Mitarbeiter unter mir, die ich nicht alle wirklich kenne. Es kann doch logisch nicht gehen, dass ich persönlich alle Ihre Probleme lösen kann? Jeder ist hier selbst gefordert. Ich zähle auf Teamarbeit, jeder muss jedem helfen und anpacken. Teams können vieles, wo einzelne verzagen. Wir sind ein Winner-Team, das versichere ich meinem Chef jeden Tag. Das will ich auch so eingelöst sehen. Eben deshalb hatten wir ja auch unser halbtägiges Teamevent, wo ich Sie für Mehrleistungen motiviert habe. Ich hasse es, von Ihnen immer wieder noch vereinzelt zu hören, dass Sie für Mehrleistungen auch Geld sehen wollen. Bitte – das ist rücksichtslos dem Ganzen gegenüber und hat mit Motivation nichts zu tun. Motivation entspringt der Begeisterung! Unsere Firma setzt auf die neu erfundene Kompetenz der Self-Excitability, die man aus der Herzmedizin kennt. Ich mag keine Greiner, ich setze auf Action. Wenn ein Problem erkannt wird, muss es sofort gelöst werden. Ich will mit Ihren Problemchen nichts zu tun haben, dafür sind Sie da, dass alles läuft. Lassen Sie sich etwas einfallen. Gehen Sie auch einmal auf Risiko. Es muss nicht alles perfekt sein."

Diese Sätze habe ich zigfach einzeln genauso wortwörtlich gehört, nicht einfach bei Flughafenprojekten. Ich habe sie nur eben in einem Absatz verdichtet. In dieser sarkastischen Überspitzung mögen diese Wendungen in Ihnen Protest auslösen, Sie denken vielleicht, dass ich hier Endzeitstimmungen verbreiten will oder jedenfalls maßlos übertreibe. Fakt ist es, dass diese Sätze auch einzeln ausgesprochen– nur einmal die Woche – zu einer Kultur führen, in der das Ansprechen von Problemen im Management nur Belehrungslawinen auslöst, wie blöd man sich doch selbst anstellen würde. „Chef – mir ist da ein Fehler passiert." – „Was hab ich damit zu tun, suchen Sie sich Hilfe und machen Sie es weg."

Das Management einer Overstrain-Kultur managt bewusst keine Fehler. Es verlangt ganz stur den gewünschten Erfolg. Auf das Ergebnis kommt es an, auf sonst nichts. Wenn man das gut durchexerziert, haben die Mitarbeiter nicht etwa Angst bei ihren Fehlern. Sie sind hoffnungslos. Sie wissen, dass sie keine Hilfe von oben bekommen werden. Sie sehen (das ist ein wichtiges Detail in diesem System), dass es ihrem direkten Chef noch schlechter geht, weil der Druck nach oben immer ernster wird. Ein Ingenieur kann seine Gehaltserhöhung verlieren, aber weiter oben steht immer mehr eine Bedrohung der Karriere im Vordergrund. Ich bekomme öfter traurigste Leserbriefe. Einer davon klingt etwa so: „Sie kamen und baten mich, mir vorzustellen, wie ich nach Hause käme und mein achtjähriger Sohn mir freudig entgegen spränge und mir die Haustür öffnete. Sie fragten mich, wie das wohl ausginge, wenn mein Sohn meine miesen Monatszahlen kennen würde. Da würde er sich doch fürchterlich für mich schämen. Und meine Frau müsste sich doch ganz bestimmt schon lange für mich schämen. Als sie mir das so vorwarfen, flossen mir Tränen herunter. Das dürfen sie mir nicht so sagen, ich zerbreche jetzt."

Mitarbeiter sind in solchen Situationen oft sehr froh, nicht Manager zu sein. Sie spüren den immensen Druck auf dem Chef und wissen, dass es ihnen verhältnismäßig gut geht. Sie sind ihrem Chef absolut nicht böse, er leidet ja stärker als sie.

Was sollen Mitarbeiter dann tun, wenn es zu Fehlern kommt? Wenn die Weichen vereist sind, wenn gerade eine Stewardess zum Losfliegen fehlt, die Vorlesungen ausfallen, Gutachten wochenlang fehlen oder die Doktorurkunde nun nach acht Monaten immer noch nicht gedruckt ist, wenn die Lieferung nicht klappt, wenn der Sachbearbeiter gar keine Vertretung hat oder nur eine ahnungslose? Es ist gar nicht mehr so, dass die Mitarbeiter Angst vor Fehlern haben, sie leben mit den Fehlern. Bei VW muss es gar keine Angstkultur geben, wie es in der Presse zu lesen ist. Defätismus reicht ja auch.

Irgendwann sind Fehler egal. Ganz egal, warum sie passiert sind, systematisch bedingt waren oder persönlich verschuldet. Sie führen alle – welcher Art auch immer – zu einem Ergebnisproblem im Überlastsystem. Das schmeckt dem Chef nicht – er kümmert sich nicht um die Fehler, er lebt ebenfalls mit ihnen. Er hat keine Zeit, sie zu bekämpfen, er schimpft lauter und droht. Die Mitarbeiter müssen gar nichts aus ihren Fehlern lernen, sie dürfen nur keine Schuld bekommen. Diese Schuld zählt bei der Arbeit nicht wirklich, aber bei der Gehaltszumessung. Jeder muss aufpassen, dass er für die Fehler nicht selbst verantwortlich gemacht wird oder werden kann.

In einem überlasteten System gibt es viele Möglichkeiten, die Schuld irgendwo anders hinzuschieben. Das gilt eigentlich für fast jeden Mitarbeiter. Das System hat eben alle diese Störungen. „Kann ich vielleicht etwas dazu?"

„Blame Culture"

Diese Bezeichnung der Blame Culture findet Google aber doch. „Der ist schuld!" – „Ich war gar nicht zuständig!" – „Chef, schnell meine Mail im Vertrauen – der Schwarze Peter hat wieder Mist gebaut!"

Während man sich über die Fehler im System eigentlich nicht mehr aufregt, hat man schon noch Angst um die Jahresbewertung und die Gehaltserhöhung. Dazu ist es nützlich, die Schuldverteilung unter den Kollegen zu managen. Man verteilt „blame", also Schuldzuweisungen, man sucht Sündenböcke.

Manchmal ist es für Führungskräfte mit sehr vielen Mitarbeitern sogar richtig nützlich, wenn sich Versager oder Loser im Team klar herauskristallisieren. Stellen Sie sich vor, Sie sind Religionslehrer in einer Klasse von 40 Schülern, und Sie geben eine Stunde die Woche Unterricht. Zum Schluss sollen Sie Zensuren geben. Tja, wie? Man verzeiht so einem Pfarrer, wenn er dann einfach allen eine Zwei gibt – ist schon gut, er kennt die Schüler ja kaum, es sind so viele. In einem Unternehmen steht der Chef von 50 Leuten genauso da, er kennt die Leute nicht richtig. Er darf aber nicht jeden Mitarbeiter gut beurteilen, sonst bekämen alle eine prächtige Gehaltserhöhung und das Unternehmen ginge Pleite. Er muss deshalb auch etliche Mitarbeiter schlecht beurteilen, das fordert das Unternehmen! Die Gehaltserhöhungen sollen eine Glockenkurve bilden! „Das ist normal", erinnern sich Arbeitsdirektoren an die Vorlesung „'Statistik' für BWLer". Das Versagen von Gehaltserhöhungen ist menschlich gesehen ein ganz peinliches und sehr ärgerliches Problem, wenn man keine Ahnung hat oder seine Leute nicht richtig kennt. Deshalb sind Manager oft sehr glücklich, wenn es klare Sündenböcke in ihrer Abteilung gibt. Fein & danke! Problem gelöst. Sehen Sie? Das Blaming hat auch Vorteile.

Betroffene Mitarbeiter kennen dieses Phänomen nicht und glauben natürlich, sie seien in Ungnade gefallen. Oh, so wichtig nimmt man sie nicht! Das denken sie aber und versuchen nun verstärkt, nicht wiederum beim Blamen schlecht rauszukommen. Sie drücken sich also vor eigenen Entscheidungen, wollen keine persönliche Verantwortung tragen, meiden Kollegen, die erfolgreich „blamen" …

Die Überlastkultur entzweit dann auch noch die frustrierten Mitarbeiter untereinander. Sie belauern sich und arbeiten als Team immer schlechter.

Konkrete Erfolgsmaßnahmen

Was tun? Dafür gibt es eine Menge weltverbessernder Heilslehren und Kurse. Es ist wichtig, eine wunderbar gute Fehlerkultur zu haben. Mitarbeiter sollten die Fehler offen mit ihrem Chef besprechen und lösen. Niemand sollte wegen eines Fehlers schief angeschaut werden. Manager dürfen keinesfalls eine „blame culture" in ihrem Bereich zulassen, sonst sinken die Leistungen im Team. Er soll darauf achten, dass die Fehler zum Lernen beitragen und damit produktiv und konstruktiv wirken. Er soll sich für die Probleme des Teams persönlich verantwortlich fühlen und Mitarbeiter nicht abwimmeln. Kein

Mitarbeiter sollte Angst haben und niemand frustriert sein. Stress muss positiv empfunden werden, Stress im Körper bedeutet stets auch Ansporn, liebe Leute! Man darf ihn nur nicht als negativ empfinden.

Haha! Alles Quark, wenn Overstrain Management alles andere zerstört! Und es mag oft wirklich stimmen, wenn der Oberboss eines Überlastimperiums nie was wusste oder weiß. Er schaute nur auf das Ergebnis. Das ist Overstrain Management.

Overstrain Management ist irgendwie der echte, der Kardinalfehler. Habe ich das einigermaßen begründen können? Wenn das zutrifft, dann gehört es zu einer guten Fehlerkultur, aus diesem einem massiven gewaltigen irren Fehler zu lernen und mit eben diesem Fehler produktiv und konstruktiv umzugehen.

In meiner Familie spielt jemand sehr leidenschaftlich Dota 2. Da ruft er öfter: „So ein Noob!" oder gleich „Du Noob!" Oh, da hat wieder einmal jemand irgendetwas nicht gecheckt. Das würde einem 1337 niemals passieren. Aber – und das ist das Problem: der 1337 schafft es nicht, den Noob upzuskillen. Der Noob schimpft auf den bloßen Versuch dazu. Und ich will zeigen: So ist das Leben irgendwie generell. Noobie-noobie-doo.

Noobs

Ich schreibe lieber Noob, aber die 1337 meinen, es würde N00b geschrieben, mit zwei sehr ernst gemeinten Nullen mittendrin. Es gibt nicht nur verschiedene Schreibweisen, sondern auch eine Menge verschiedener Meinungen, was ein Noob eigentlich ist. Ich habe mich durchgefragt und gesurft. Es scheint Verwirrung zu herrschen, ob der Begriff Newb, den man gleich ausspricht, dasselbe bezeichnet oder nicht. Das finde ich jetzt nach meiner Recherche witzig.

Eine Newb oder – etwas liebevoller – ein Newbie bezeichnet einen Spieler, der neu ins Game kommt und natürlich low-skilled ist. Er kann ja nicht high-skilled sein, er ist new! In den normalen Ballerspielen kann man Newbies sofort umnieten und bekommt leicht verdiente Punkte dafür. Hey, das macht aber doch keiner! Newbies bekommen eine zeitlang Welpenschutz und guten Rat von Pros. Newbies stellen dämliche Fragen: „Wieso sterbe ich immer genau da an der Ecke?" – „Du musst schauen, da schießt jemand oben aus dem Fenster." – „Aha, danke!" So langsam werden die Newbies besser und besser. Sie schauen sich auch die Weltmeisterschaften der Spiele an, gehen vielleicht sogar zum Public Viewing, bekommen ein gutes Gefühl für Strategien und lernen.

Ist es nicht natürlich, sich die Weltmeisterpartien im Schach anzuschauen und sie nachzuspielen, wenn man sich für Schach interessiert? Würde man nicht in Museen gehen oder

© Springer-Verlag GmbH Deutschland 2017
G. Dueck, *Im Digitalisierungstornado*,
https://doi.org/10.1007/978-3-662-54879-0_15

in Kunstbüchern blättern, wenn man anfängt zu malen? Es geht am Anfang darum, einen gewissen Sinn für das Neue zu entwickeln. Das versuchen die typischen Newbs.

Ein Noob ist aber ein ganz anderer Mensch. Der fragt keine Pros in den Spielen, er läuft einfach los, wird wieder und wieder umgenietet und ist enttäuscht. Er schimpft, dass er unfair behandelt wird, dass man offenbar nur ihn umschießen will. „Wollt ihr mich nicht mitspielen lassen? Wollt ihr unter euch bleiben? Was soll das?" – „Was ist denn passiert?" – „Das ist doch eine Sauerei, ich habe mich hier im Spiel schon eine ganze Minute am Armor-Punkt angestellt und gewartet, weil ich genau weiß, dass hier bald ein neuer Shield spawnt. Jetzt kommt doch einer von Euch von hinten angerast, nietet mich um und nimmt sich den ganzen Vorrat für sich. Wie gemein. Und es ist echt das x-te Mal in einer Stunde, dass mir das passiert. Ihr seid unfair." – „Pass auf, du musst lernen, dass alle den Armor haben wollen und genau an diesem Punkt lauern. Wenn Du da rumstehst, muss Du dran glauben, ist doch klar. Du musst ein Gefühl von Timing bekommen und ganz genau in dem Moment über die Stelle durchsausen, in dem der Armor spawnt. Das ist ein wichtiger Skill, den bekommt man erst nach langer Übung." – „Das ist doch blöd, wir können es doch gemeinsam so machen, dass jeder einmal drankommt. Wir sollten die Regel einführen, dass wir hier Schlange stehen und jeder auch einmal gewinnen kann. Ich mag es absolut nicht, häufig zu verlieren, denn dann habe ich absolut keinen Spaß dran." – „Dann hau doch ab und spiel Tennis." – „Da ist es dasselbe. Anstatt uns den Ball lieb hin und her zu spielen, versuchen sie alle, an mir vorbeizuschießen, nur damit ich verliere." – „Aha, du bist ein Noob, dann laber uns nicht weiter zu." – „Hey, schon wieder bin ich umgenietet worden, macht euch das Spaß?" – „Nein, lerne gefälligst, besser zu spielen, das ist hier Sport! Sport, verdammt!" – „Muss denn hier jeder Meister sein wollen?" – „Ja." – „Ihr spinnt doch." – „Hau ab, du N00b. Wer nicht ernsthaft mitschwimmen will, soll baden gehen."

All das nehmen die Geskillten übel und zielen nun mit Grimm und Genuss auf den Noob, damit er endlich frustriert abhaut.

Am schlimmsten finden die Pro-Spieler die Lamer, die irgendwo hinter einer Ecke „campen" und manchmal eine Stunde warten, bis jemand vorbeikommt. Dann fraggen sie den mit einer Vollsalve aufgezogener Raketen und freuen sich wie Schneekönige. „Ich habe heute in acht Stunden drei Frags erreicht und bin niemals selbst getötet worden! Haha! Habe die höchste Effizienz von allen gehabt!" – „Du Lamer, du hast acht volle Stunden nur in der Ecke gestanden! Acht Stunden konzentriert NICHTS getan! Und ganz schlimm ist, dass du durch deine Zufallsfrags die falsche Mannschaft hast gewinnen lassen. Wir sind alle sauer!" – „Haha, ich bin entscheidend, merkt ihr selber jetzt?"

1337 eleet

Irgendwann haben Hacker angefangen, kryptisch zu werden. Sie schrieben z. B. W1k1pedia statt Wikipedia, damit Computer mit der „Geheimsprache" nichts anfangen können.

Man ersetzte Buchstaben durch Zahlen oder Sonderzeichen. In manchen Fonts sah die 1 wie ein T aus, die 7 wie ein L, na gut. Die 3 steht für e, die 4 für a, die 2 für r usw.

1337 steht für „Elite". Das ist eine längere Geschichte, die hier nicht wichtig ist. Ich zitiere schwach schreibfehlerbereinigt aus dem Urban Dictionary:

1337 or leet is the shortened form of 31337 or eleet. It is from a commonly known language today called 1337-speak or leet-speak. It originated from the Dead Cow Cult (31337) was the UDP port for Back Orifice. Now it is a language amongst teenage internet gamers, script-kiddies, and the like who really can't understand it's out of date and to move on and try to crack a real encryption.

31337 ist also in Geheimsprache die Sequenz eleet rückwärts geschrieben. Das wurde später zu 1337 abgekürzt. Die professionellen Hacker waren die 1337. Dann aber machten alle bei dem Verwirrspiel mit und protzten beim Spielen mit Kommentaren in Leetspeak.

Sie kommentieren dann nicht einfach mit „Lamer!", sondern mit 14m32 oder noch exquisiter mit 14m02 wie „Lamor", weil oft –er durch –or ersetzt wird, oder cks durch xx, s durch z, k durch q. Solche Ersetzungen haben wir heute schon oft in Postings oder Firmennamen wie Qlik. Das ist so cool! Die Elite, also die 1337, schreibt natürlich n00b statt Noob und noch schöner (wie bei 1337) andersherum b00n.

Wenn man mit dem Spielen anfängt, wird man natürlich oft mit newb oder b00n gedisst. Das drückt am Anfang auf die Stimmung! Man schießt daneben und sofort wird von einem Pro „n4p" kommentiert wie „non-aiming person". Wenn man als newb mal einen Pro umnietet, antwortet der oft mit „lol" oder „lucker". Da weiß man, dass es nur Glück war und keineswegs skillig. „Wenn ich aufgepasst hätte, du newb, hättest du nie eine Chance." Dieses Beworfenwerden in der Lehrzeit prägt sehr. Wenn die Spieler sich verbessert haben, aber noch nicht Pro sind, dann kommentieren sie immerhin schon einmal wie ein Pro. Sie kommentieren nun auch mit 14m02 und dergleichen nach Herzenslust. Das erinnert mich ein bisschen an „Klar habe ich mein Kind geschlagen. Ich bin früher auch oft geschlagen worden, und es hat mir nicht geschadet."

Viele Newbs leiden zuerst an der Arroganz der 1337, sie üben dieselbe Arroganz aber gleich bei der erstbesten Möglichkeit, natürlich nicht aus Arroganz, sondern aus ersten Frühlingsgefühlen des Überschwangs heraus, jetzt nicht mehr der schlechteste Spieler zu sein.

Ignoranz und Arroganz

Noobs sind für mich solche, die irgendwie nicht lernen wollen, worauf es in einer neuen Umgebung ankommt, und vielleicht auch deshalb keine Anstalten zeigen, am neuen Platz gut zu sein. Das macht alle anderen ärgerlich, je länger das Widerstreben des Noobs dauert. Sie checken es nicht! Oder wollen sie es einfach nicht checken? Sind sie dumm oder unwillig? 1337 verzweifeln über B00ns, deshlab verstehen sie nicht wirklich, was der Unterschied zwischen Newb und Noob sein könnte. JEDER versucht doch, besser zu werden, oder nicht? Was denkt sich ein Noob?

„Ich ziehe immer den Stecker bei Computern, weil das Runterfahren viel zu lange dauert." – „Da kam schon wieder eine Mail mit einem zip-File dran. Ich habe draufgeklickt, der File war ja für mich. Ihr werdet es nicht glauben, was passiert ist: es war nochmal ein Virus drin. Mannomann, habe ich ein sagenhaftes Pech. Irgendwer hat es auf mich abgesehen. Dazu kann ich doch nichts. Ich habe rumgefragt. Keiner hatte bis jetzt zweimal in einer einzigen Woche einen Virus, nur ich. Jetzt beschimpfen sie mich." – „Ich habe es doch nur gut gemeint, ich dachte, die Windbeutel verbrennen. Ich habe nur ganz kurz den Ofen aufgemacht, da ist alles zusammengefallen. Woher soll ich das wissen?" – „Die anderen üben auch nicht intensiver, schließlich ist das Schulorchester freiwillig. Ich habe eben nicht so viel Naturtalent. Aber wenn ich schon mal spiele, bin ich mit ganzem Herzen dabei. Ich spiele sehr inbrünstig und bemerke dabei kaum die anderen um mich herum." – „Ich brate das Steak immer gut durch, dann kann man es jedenfalls sicher essen. Wenn man es rosa zu braten probiert, ist es oft noch zu blutig. Das will ich aber nicht." – „Die anderen zählen beim Skat die Karten, die raus sind. Sie sind gewinngeil. Dazu habe ich keine Lust. Ich lasse mich aber nicht dauernd anmaulen, wenn ich noch mal mitten im Spiel nachfrage, was Trumpf ist. Ich spiele sehr, sehr gut, nur dass ich mir die Karten nicht merken will."

Wenn ein Noob sagt, er wolle sich eben keine Karten merken, dann macht es den begeisterten Spielern keinen Spaß. Sie gewinnen zwar irgendwie, aber die eigene Leistung kann gar nicht richtig abgerufen werden! Kennen Sie das? Der Lamer bedient beim Skat auf das Anspiel eines As mit einer 10. Die 1337 raufen sich die Haare. „War die 10 blank?" – „Nö, habe ich mal so aus Quatsch gemacht, ihr regt euch sowieso immer auf." Solche Aktionen, unbedacht oder absichtlich Minen legend, erregen fast schon Hass in den 1337. Arroganz kommt auf, wenn sie nicht schon vorher da war.

Lamer und Noobs werden so langsam verachtet, die 1337 blasen sich auf.

Fertige Menschen, besonders Experten und MBAs

Es gibt so viele Menschen, die sich fertig ausgebildet oder ausgelernt fühlen. Sie finden sich ganz gut, wie sie sind. Sie wissen, dass es bessere gibt, aber es reicht ihnen so. Sie haben ihren Beruf erlernt und üben ihn brav aus. Sie streben nach nichts, sie gehen nach getaner Arbeit ohne Sorgen heim. Kein Stress, keine Ambition. Fehler gehören bei ihnen dazu, die macht ja jeder, nur die Streber machen keine und das Management gibt keine zu. Das Fertige ist den Fertigen wohl anerzogen worden. Sie haben immer mit Befriedigend abgeschlossen, sie sind es lebenslang gewöhnt, auf jeder Seite Klassenarbeit ein paar rote Anmerkungen zu finden. Das finden sie normal. Nie hat jemand mehr verlangt, es war ja befriedigend – und sie waren durchschnittlich brav. Denn das war vor allem wichtig: keine Baustelle für den Lehrer eröffnen.

Huuh, an solchen Leuten reiben sich dann die Jungmanager, die noch nicht ganz 1337 sind, die aber schon Leute mit „n4p" (nicht arbeitende Person) bezeichnen können. Sie fordern „passion for the business, enthusiasm, eminence, self-empowerment, commitment, engagement, ambition – you name it". Aber die Noobs und Lamer traben weiter. Man peitscht verbal auf sie ein wie auf Esel, aber das sind sie gewöhnt, es fühlt sich für sie noch befriedigend an. Wirklich zufrieden war noch nie jemand mit ihnen. Jetzt brüllen die Jungmanager: „Lebenslanges Lernen! Die Jobs ändern sich! Wandel! Up-Skilling!" Aber sie trotten weiter. „Seid ihr taub?"

Die 1337 macht es ganz fertig, wenn andere sich schon befriedigend fertig fühlen, obwohl man ihnen beweisen kann, dass sie nicht gut sind. Den Beweis scheinen Noobs nicht anzuerkennen. Sie scheinen es nicht zu checken. Oder es ist ihnen egal. Diese phatische Unerreichbarkeit ist für 1337er zum Verzweifeln. Deshalb verachten sie Noobs. Im Grunde aber – wie gesagt – erreichen sie sie nicht.

Im Arbeitsleben gibt es so genannten Experten, das sind sehr, sehr oft Part-Time-Noobs. Besonders Informatiker sind in ihrem eigenen Fach häufig 1337, aber wenn es um Managementprozesse geht, sind sie Noobs, manchmal der ärgerlichsten Sorte. Originalton: „Ich habe mir einige Tage mehr Zeit genommen und für das Projekt eine Super-Mega-Lösung gefunden – ich bin echt genial. Und was geschah? Mein Boss hat mir was auf die Ohren gegeben, weil sich der Kundenabgabetermin verzogen hat und er meine vier Tage Arbeit in das Projekt reinrechnen muss. Muss er doch nicht! Ich arbeite es nach, ich fange das nächste Projekt eben später an. Der Kunde muss doch froh sein, dass alles viel schöner geworden ist. Kostet ihn doch nichts! Warum sehe ich keine Freudensprünge? Alles Noobs, keinen Sinn für Qualität. Ich bin ein 1337." – Der Manager tobt: „Wir müssen den Kickoff verschieben, unser Boss und der Kundenboss haben mühevoll einen Termin gefunden und wollen vorher nicht loslegen. Jetzt kostet uns die Verzögerung Abertausende von Euro! So ein Lamer! Er zerschießt mir den ganzen Quartalsgewinn der Abteilung. Und tönt noch selbstzufrieden ‚Ach, ich hab eine bessere Lösung!' Warum, verdammt, kann er das nicht nach dem Kickoff machen? Ich bin nur noch von Noobs umgeben. Da legt mir so ein Lamer eine Bombe ins Projekt."

Beide sind Part-Time-Noobs. Die eine Seite versteht nichts von guter inhaltlicher Arbeit, die andere zu wenig von Abläufen in Projekten. Wenn der Informatiker dem Chef erklären würde, worin die Qualität des Projektes läge, würde der sagen, die interessiere ihn nicht – das müsse er nicht verstehen, in Informatik habe er im Studium im Nebenfach immer nur ein Befriedigend bekommen. Er wolle auch gar nicht versuchen, etwas zu verstehen. „Noob!", denkt der Informatiker. Wenn der Chef dem Informatiker erklären würde, wie problematisch eine Verschiebung eines Kickoffs ist, wenn Vice Presidents dabei sein müssen, auf deren Nicken hin die Folgeprojekte erst beginnen könnten – dann würde der Informatiker entgegnen, das sei ein voll lächerliches Argument gegenüber der Qualität – „ist doch nur devote Scheißpolitik mit den Ärschen von Oberbonzen, immer kommen Sie mit Geld, Politik und Terminen – immer nur mit niedrigen Beweggründen – wir hatten noch nie so einen Noob als Boss". – „Nein, Sie sind der Noob, Sie haben keine

Ahnung vom Business!" – „Das muss ich nicht haben, das ist Ihr Job. Ich will es auch nicht haben, wenn ich sehe, wie ihr Noobs da so scharwänzelt. Ich bin stolz, im Nebenfach BWL gerade so eben bestanden zu haben."

Und beide Part-Time-Noobs sind überzeugt, sie wären ein 1337. Sie reden auch so. Die Techies präsentieren Folien mit aberwitzig komplexen Netzen und technischen Abkürzungen, die nur Eingeweihte verstehen. Warum machen sie das? Wollen sie die Noobs niedermachen und denen ihre Verachtung zeigen, obwohl diese „Noobs" doch als Boss das Gehalt zahlen und als Kunde in noch stärkerem Sinne?

Die Manager präsentieren mit Excel-Tabellen und Org-Charts voller geheimnisvoller Abteilungsabkürzungen und selbstausgedachter Konventionen. Fragt der Experte: „Hä? Was ist TLHMSP?" – „Das wissen Sie nicht, wo das in aller Munde ist? Es heißt Top-Lead-Hubris-Moonshot-Project. Wir haben das Top-Lead-Projekt mit dem Hubris-Programm verschmolzen und noch das Moonshot dazugegeben, weil alle drei sowieso vom gleichen Werkstudenten betreut werden sollten. Wir haben damit drei Praktikanten ablösen können, weil unser Top-Management ein Mega-Beispiel erfolgreicher Synergie berichtet haben wollte." Solche Erklärungen machen Techies böse.

Techies nennen ihre Projekt anders, etwa N-TEDDY. „Was heißt das?" – „Nur Tiere essen, die dauernd Y." – „Hä? Was ist Y?" – „Haha, lol, 2u132!!"

Sie finden sich gegenseitig peinlich und albern. Sie haben auf beiden Seiten eine eigene Sprache, ein eigenes Leetspeak, das sie zur Elite macht. Sie höhnen innerlich, wenn sich die naiven Noobs der Gegenseite in dieser Sprache nur schlecht auskennen. Techies verstehen keine Abteilungsbezeichnungen oder Manager-Job-Rollen-Titel, Manager finden die User-IDs der Top-Skiller seltsam, wie z. B. „Ma!st02", dabei signalisieren sie doch dem Newb einen 1337.

Ist das zu viel verlangt, wenn sich Techies ein bisschen in organisatorische Notwendigkeit einfühlen? Sie müssen doch nur mitspielen können, nichts dirigieren. Einfach mal ein Formular ausfüllen – mit dem Vertrauen darauf, dass es sinnvoll sein könnte. „Ist es nicht! Warum kann man das nicht einfach … " Warum kann ein MBA nicht einmal die getane Arbeit inhaltlich anschauen? Er muss sie nur wertschätzen können, nicht selbst vollbringen! „Ach, davon verstehe ich nichts. Ich will ja auch nicht so lange in einer Abteilung managen. Ich will in dem Konzern an vielen verschiedenen Stellen die Verantwortung übernehmen, damit ich überall möglichst viel lerne. Da kann ich mich nicht jedes Mal mit der Abteilung detailliert auseinandersetzen. Ich muss nur die Zahlen verstehen. Darüber grüble ich Tag und Nacht. Manchmal werden die Zahlen davon besser, mal schlechter. Die Regeln dafür bekomme ich noch raus. Ich bin fast schon 1337."

Ein Techie weiß manchmal nicht, was gerade Trumpf ist.

Ein MBA weiß manchmal nicht, was gerade Trumpf ist.

Noobs!

Oh, und dann gibt es noch viele Digital-Noobs, Innovations-Noobs, Empathie-Noobs und Datenschutz-Noobs. Es gibt Putz-Noobs, Koch-Noobs und Meeting-Noobs. „Was soll das bedeuten? Wir tagen doch schon. Ich weiß wohl, es geht erst um Mitternacht rum … "

Ein Noob ist so etwas wie ein Fertiggericht auf Tütensuppenniveau. Der 1337 mundet wie etwas unerhört Niedagewesenes, woran sich noch kein Geschmacksnerv gewöhnen konnte.

Jeder ist in seiner Komfortzone ein selbsternannter 1337, draußen aber Noob. Und niemand misst einmal nach, wie kümmerlich klein die Komfortzone wirklich ist! Und niemand schaut sich an, ob man dem Urteil dessen vertrauen kann, der sich selbst ernannte … Zu viel Noobie-noobie-du.

Bimodal soll alles sein – neuerdings mal wieder

16

Die Gartner Group empfiehlt seit einiger Zeit (wohl seit 2014), Organisationen in „bimodaler Weise", also in zwei verschiedenen Modi zu führen: der eine Modus ist das normale Tagesgeschäft, das zuverlässig und sicher laufen soll. Aber da ist auch die andere Art zu arbeiten – innovativ und wendig! Das ist total neu, sage ich Ihnen. Ich meine – das Wort „bimodal" ist ziemlich neu.

Unimodale Obsession

„Unimodal" und „bimodal" sind eigentlich Begriffe aus der Statistik. Unimodale Verteilungen sind „eingipfelig" – dazu stellen Sie sich bitte im Geiste als Beispiel die typische Normalverteilung vor. Bimodale Verteilungen sind „zweigipfelig" – führen Sie sich ein Kurvenbild der Kundenbesuche in der Bank vor Augen: Die beiden Gipfel sind am Vormittag und am Nachmittag – also exakt dann, wenn wir Arbeitenden keine Zeit für Bankbesuche haben, nur die Bankmitarbeiter, die drinnen über Kundenbedürfnisse Bescheid wissen müssen.

Die Manager kultivieren seit längerer Zeit immer zwanghafter ihre Liebe zu durchgehenden und einheitlichen Prozessen. Alles soll in eine eiserne Form gegossen werden, one size fits all. Diese Bemühungen, das alles vollkommen perfekt zu schaffen, enden überoptimiert in einem Komplexitätstrauma. Trotz aller – ich meine eigentlich – *wegen* aller Vereinfachungsorgien schütteln wir immer stärker den Kopf über die „steigende Komplexität", die aber eigentlich auf militant-aktionistischer Unfähigkeit beruht.

Leider kommen neuerdings immer dringender andere Aufgaben auf unser Unternehmen zu als das bloße Tagesgeschäft, das uns ach so sehr „auffrisst":

© Springer-Verlag GmbH Deutschland 2017
G. Dueck, *Im Digitalisierungstornado*,
https://doi.org/10.1007/978-3-662-54879-0_16

- Kunden haben disruptiv neue Wünsche (z. B. Tablet statt Laptop)
- Kunden wünschen andere Vertriebskanäle
- Die digitale Revolution erfordert neue Geschäftsmodelle
- Die Digitalisierung führt zu ganz neuen Produkten, Services und Branchen

Nun steht ein starker Wandel an. Der stört leider die unimodale Obsession, weil er einen „Umbau" erfordert, eine „Neuaufstellung" oder „Umorganisation". Die unimodalen Manager suchen nun hektisch nach einer neuen Normalform, die dann wieder durch neue einheitliche Prozesse beschrieben werden kann. „Change Management" beschäftigt sich mit dem aktiven Wandel von einer Normalform in die andere. Dann – so stellt sich das ein MBA und vielleicht auch ein Fertigungsingenieur vor – geht alles seinen neuen gemächlichen Trott weiter. Puh, wischen sie sich „danach" die Stirn, das war schwer für sie und hat ihnen auch keine Freude gemacht!

Vielleicht stellen sich die meisten Leute fälschlicherweise vor, so ein Umbau wäre eine Art Modernisierung. Beispiele: Bahnstrecken bekommen beheizbare Weichen, an der Autobahn werden die Brücken erneuert und neue Ausfahrten hinzugefügt, ein Hotel bekommt neue Bäder und Schallschutzfenster. Solche Umbaumaßnahmen sind physisch gut sichtbare und vom Tagesgeschäft gut getrennte oder abtrennbare Baustellen, unter denen die Tagesarbeit zwar ziemlich leidet, die man aber gut managen kann (schlecht natürlich auch). Wir akzeptieren die Störungen nicht wirklich und nehmen sie nur missmutig hin: Der Verkehr ärgert sich, die Bahn hat Verspätungen, im Hotel ist wegen der Betonborarbeiten an keinen ruhigen Mittagsschlaf zu denken. Kunden beschweren sich, die Mitarbeiter stöhnen unter dem Stress.

Hoffentlich ist bald alles wieder „normal" oder eben unimodal. Das Umbauen und der Wandel sind fast unzumutbare Belastungen und eine Gefahr für die Ordnung.

Die Manager beschwichtigen, ohne so wirklich selbst überzeugt zu sein: „Das einzig Beständige ist der Wandel. Veränderungen wird es immer geben – und bald immer öfter. Wir sind bestrebt, die Auswirkungen der Veränderungen für alle in einem vertretbaren Rahmen zu halten." Blabla.

Bimodaler Traum

Klar ist, dass das Neue das Alte ablösen muss, besonders jetzt während der digitalen Revolution. Aber wie? Der Übergang ist immer mit ziemlichen Schmerzen verbunden. Wir kennen das ja, wir haben schon ein paarmal gelitten. Der Mainframe wurde von Client Server Lösungen verdrängt, nun aber soll alles in die Cloud. Der Handel sieht langsam doch ein, dass ein Web-Shop dazugehört, die Banken und Versicherungen können sich dem Internet gegenüber nicht mehr tot stellen.

Das Neue muss in das Alte getragen werden.

Dazu schlägt Gartner eben diese neue Vorstellung des Bimodalen vor, es handelt sich um ein Denkmodell oder eine Denkweise. Die sieht auf einer einzelnen PowerPoint-Folie (Abb. 16.1) sehr anschaulich aus. Hmm, ich weiß jetzt nicht, ob es rechtlich okay ist, hier

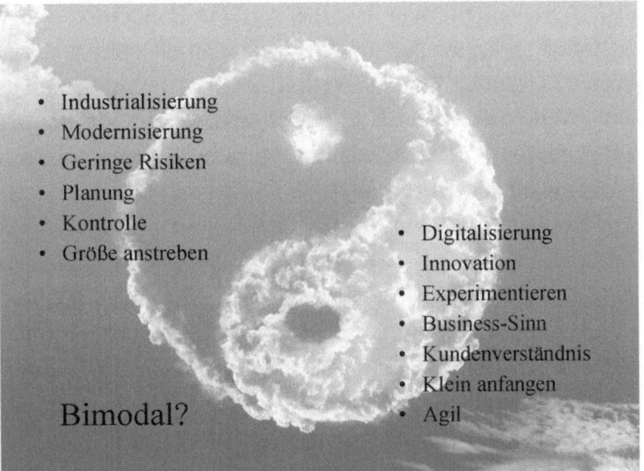

Abb. 16.1 Die beiden Seiten des Business/Bild-Quelle: Adobe Stock Foto

gleich eine solche typische Folie in diese Kolumne hineinzukopieren. Gartner stellt darauf die Prinzipien des Tagesgeschäftes und denen des Neuexperimentierens gegenüber. Das Alte ist etabliert und sucht ständig nach Optimierungen und Kostensenkungen. Dazu wird es vom Wettbewerb gezwungen. Wenn alle wissen, wie es geht, gewinnt vielleicht der Billigste. Das Neue aber muss erst gefunden werden. Jeder hat eine gewisse Vorstellung davon, aber man weiß noch nicht genau, welche Version davon der Kunde letztlich gut bezahlt.

Das Neue ist innovativ, bemüht sich um Kunden und fängt klein an, indem agil experimentiert wird. Das wissen wir doch alle! Ich zucke ein bisschen zusammen, dass auf der rechten Seite das Wort „agil" auftaucht. Da gehört es natürlich hin, aber es hat ja nun schon zähe Versuche gegeben, uns zu überzeugen, dass am besten überhaupt alles agil sein sollte? Alles? Nun aber steht es nur noch rechts? Aha? Ist das generell Agile schon wieder abgeblasen? Natürlich wussten wir alle, dass man nicht überall agil sein kann, aber das Management hat es jedenfalls eine Weile geglaubt, weil es die Berater eine Weile glaubhaft vorbringen konnten. Na gut. Ich schaue noch einmal auf die Originalfolien von Gartner. Die können sie leicht im Netz finden. Googeln Sie „Gartner bimodal" und klicken Sie dann auf „Images". Allein nach „bimodal" googeln bringt nichts, dann kommt zweigipflige Statistik.

Beim Googeln finden Sie etliche Folien, bei denen als Hintergrund nicht Yin und Yang zu sehen sind wie bei mir, sondern Sie sehen neben dem linken Text einen Marathonläufer abgebildet und auf der rechten Seite einen Sprinter. Damit will uns Gartner sagen, dass das Tagesgeschäft ein gleichmäßiger harter und disziplinierter Kampf ist – ich stelle mir auch Galeeren-Ruderer auf römischen Schiffen ohne Konjunkturwind vor. Das Neue aber soll nach Gartner wohl sehr schnell abgehen – echt, meinen die das, im Sprint? Das finde ich seltsam. Innovatoren sagen doch, man müsse geduldig nachdenken und experimentieren. Sie sagen, man brauche am Anfang Ruhe, bis das neue Business-Modell stehe und der Erfolg sichtbar würde. Dann sollte man sich beeilen, aber erst dann!

Egal, ich stelle für mich persönlich ohne den irritierenden Sprinter fest: Bimodal ist gut. Aber wie managt man das denn nun, das Bimodale? Diese Frage wird nie so richtig diskutiert. Verlegt man jetzt das Agile in Sonderabteilungen, wo sich Leute experimentell austoben und sich auch einmal – wie man fälschlicherweise „wordet" – auch Fehler leisten dürfen? Gründet man das Agile in kleine Tochterfirmen aus? Oder kauft man Firmen, die eine Weile erfolgreich agil waren und schiebt sie bei Erfolg mit dem Neuem sofort ins Tagesgeschäft? Erzieht man die Sprinter zu Langläufern um?

Wenn man klein anfängt: Wo bekommt man denn Stars mit Business-Sinn her, die den Kunden verstehen? Kennt denn überhaupt jemand „den Kunden" in einem größeren Unternehmen? Ich habe das schon ein paarmal mitgemacht. Bei IBM baute ich „Optimierung & Statistik" auf. Ich fragte die IBM, ob sie mir Termine mit Fertigungsleitern oder Logistikchefs bei Großkunden machen könnten. „Kennen wir nicht, wir reden mit dem CIO." Später arbeite ich an Cloud Computing. „Welcher CIO will denn alles in die Cloud schieben?" – „Ist nicht ein Großrechner so etwas wie eine Cloud?" – „Ja, schon, aber jetzt ist eine viel billigere Konzeption gemeint." – „Billiger??"

Ich will sagen: Bei Innovationsversuchen in großen Unternehmen stößt man überall an das Tagesgeschäftsdenken – da ist kaum jemand, der hilft oder Türen öffnet, weil er ja auch keine kennt. Was behindert denn da eigentlich? Warum stoßen sich die „Marathonläufer" so sehr am Neuen? Ich glaube, ich weiß es:

> Der bimodale Traum zerschellt an der unimodalen Obsession.

Die „Marathonläufer" lassen die „Agilen" einfach nicht ohne Planung und Risikokontrollen loslaufen. Sie haben die tiefsitzende Überzeugung, dass die Innovatoren lauter blöde ungeprüfte Ideen ausprobieren, im Grunde ziemlich viel „chillen" und ein lustigeres Leben als ein Marathonläufer verbringen dürfen, indem sie das sauer verdiente Geld bei voller Arbeitsfreude mit leichtfertigen Versuchen verbrennen. Oft stimmt das sogar ... Sehr oft! Ich glaube, dass Gartner deshalb auf die irrige Idee gekommen ist, auf die andere Seite der Folie einen Sprinter abzubilden, der eine politisch korrekte Gegenübervariante zum Marathonläufer darstellen kann. Bisher hat man ja die Innovatoren als helle Glühbirnenköpfe idealisiert, was bei den Marathonläufern bitter aufstößt. Die anderen sollen bitteschön auch rennen, verdammt noch einmal! Rennen, rennen, rennen! Sprinten eben, am besten ohne Pause, so wie alle Marathonläufer auch.

Dafür bekommen die „Sprinter" dann auch ein disziplinierendes Framework aufgedrückt. Man behindert sie mit Ideenmanagement, Innovationsmanagement, Agilitätskontrollen und Kundenverständnisüberprüfungen mit dem unbewussten Zweck der schleichenden Unimodalisierung. Niemand kommt auf die Idee, nach echten „entrepreneurial characters" im Unternehmen zu suchen, die ohnehin agil sind, die sowieso genug Kreuz und Schneid haben, sich durchzusetzen und einfach so experimentieren, weil sie es aus Geschäftssinn heraus von Natur aus tun. Nein, man lässt schwach aspergerverdächtige Erfinder das Neue aufbauen, die sich kaum jemals trauen, „aus dem Weg oder es setzt was" zu brüllen, wenn jemand oberlehrerklug mit Regeln und Vorschriften daherkommt.

Das mit den Sprinter ist ein schönes Bild für Folien, aber es ergibt eine chaotische Wirklichkeit, wenn immer wieder Sprinter durch große Pulks von Marathonläufern sausen und dabei schubsen. Huih, das gibt Ärger auf beiden Seiten!

Oh, und gerade erinnere ich mich, dass wir früher schon einmal ähnliche Gedankenlinien hatten …, die kamen aber nicht von Gartner, sondern doch wohl von McKinsey?

Three Horizons Framework

Vor etwa fünfzehn Jahren teilte man das Business eigentlich „trimodal" ein, ohne dieses Wort zu benutzen. Man sprach vom Tagesgeschäft, von neuem Business, was neu erschlossen werden sollte („Business Development") und von „Forschung für die Zukunft". Diese Bereiche nannte man H1, H2 und H3 – die drei Horizonte. Ganz in der Ferne sah man schon die Zukunft in der Forschung (H3), wo reine Experimente stattfanden. Der mittlere Horizont H2 arbeitete an neuen Geschäftsmodellen, die sich schon in der Gegenwart einigermaßen konkret abzeichneten. Das war damals zum Beispiel „Data Mining" und „Customer Relationship Management", später „Virtualisierung".

Dazu teilte man – so wie McKinsey das vorschlug – die Organisation in drei Teile, in die Ideen, die Konkretisierung und das Tagesnormale. Ich erinnere mich noch, wie sie vor allem darum rangen, wie man den Erfolg in H2 und H3 messen könnte. Wer bekommt einen Bonus wofür? H3 kann man bekanntlich nur durch gesunden Menschenverstand eines Profis messen, aber das ist aus der Sicht des Tagesgeschäftes nicht „objektiv". Man muss also objektive Messgrößen einführen – so wie man es in der Wissenschaft durch Impact Factors und Hirschfaktoren immer wieder erfolglos versucht. Den Hauptfehler sieht man nicht: Man versucht H3 aus dem Mindset von H1 zu messen, also etwa Wissenschaft nicht durch Nobelpreisträger beurteilen und anführen zu lassen, sondern durch Punktezähler. Die stellen fest, dass 90 Prozent der Forschung nichts real Veränderndes bringt (was normal ist). Aus der Sicht von H1 ist das aber wie „Chillen und Geldverbrennen der Forscher". Da schafft man die Forschung im Unternehmen entweder ganz ab oder man legt ihr nahe, sich mehr dem H2-Bereich zuzuneigen und etwas Reales vorzuzeigen. In der Uni geschieht das durch das Einwerben von Drittmitteln, für die nicht wirklich geforscht wird, sondern entwickelt oder umgefragt.

H1 mag H3 einfach nicht und fährt die weitere Zukunft möglichst auf Sparflamme herunter. Von der Bedeutung her bleiben also nur H1 und H2 übrig – so geschah es überall in den Unternehmen. Nachdem sie H3 einigermaßen elegant als H2 umtauften, schauten sie nun, was H2 konkret (H1 liebt das Wort „konkret") machen könnte oder sollte. Na, was? Schauen Sie dazu einfach auf meine bimodale Folie. Da steht es! Damit sind wir also bei der bimodalen Bewegung wieder genau so weit oder schlau wie im Jahre 2000, als man schon begann, das Horizontmodell wieder leise zu begraben. H1 wollte dauernd konkrete Resultate sehen, aber H2 lieferte keine wirklichen.

Das ist ganz klar – es kann eigentlich nicht gehen. Nehmen wir an, ein H2-Chef eines Automobilproduzenten soll sich einmal selbstfahrende Autos überlegen. Was kann er da tun? Kann er die ganze Firma umstellen? Oder soll er lieber PowerPoints erstellen? Er versucht es erst einmal mit Folien und bekommt nach Jahren der PowerPoint-Schlachten endlich hundert Leute, um einen Selbstfahrprototypen zu bauen. Nicht wegen der Power-Points, sondern weil jetzt schon die Presse hämt, wenn ein Konzern an dieser Front nichts unternimmt. Also los mit hundert Leuten: Geht das so leicht?

Hallo McKinsey? Was sollen wir tun, wenn etwas Wichtiges ansteht? Na? Oh, sie haben eine neue Antwort!

Partnering to shape the future – IT's new imperative

McKinsey stellt in einer Studie fest, dass sich die IT wohl doch mehr als Partner des Business fühlen und auch so benehmen soll. Diejenigen Unternehmen, die viel Geld verdienen, praktizieren das jedenfalls so. Mathematisch ausgedrückt: Es gibt da eine starke Korrelation. Jetzt würde man noch fragen, ob dahinter auch eine Kausalbeziehung stecken könnte, das ist aber nie Gegenstand einer Studie. Der Kausalitätsnachweis ist hundertmal schwieriger und lohnt sich auch nicht, weil die Leser der Studie nichts von Korrelationen verstehen und sofort dazu übergehen, über das Partnern nachzudenken. Habe ich nicht schon vor zwanzig Jahren mehrfach gelesen, dass es im Unternehmen mindestens zwei Generalisten im Top-Management geben sollte? Nämlich den CEO und den CIO? Das war damals Common Sense. Hat es zu etwas geführt? Fragt heute – im Zeitalter der disruptiven Digitalisierung – jemand nach dem strategischen Nutzen der IT? Nein, immer noch nicht. Sie schachern mit Zahlen. „Hallo, wie geben für die IT 6,2 Prozent vom Umsatz aus. Ist das zu viel oder zu wenig? Was ist der Durchschnitt in der Branche?" – „Wir sollten uns vielleicht nach den Ausgaben der Innovationsführer richten!" – „Ach nein, das kann schön teuer werden. Das könnte euch so passen, wo wir doch im Tagesgeschäft nur noch weiterkommen, wenn wir grimmig sparen, wozu auch die IT ihren Beitrag liefern muss. Jeder muss sparen, wir dürfen da keine Ausnahmen machen, sonst reißt es ein."

Das Tagesgeschäft hat es mit unimodaler Obsession geschafft, auch die IT im Wesentlichen auf das Tagesgeschäft bzw. den H1-Betriebsmodus der IT zu beschränken. Die IT liefert einheitliche Services wie aus der Steckdose – 99,99 Prozent Verfügbarkeit, betonsicher und billig. Keine Experimente!

Nun scheint McKinsey anzunehmen, dass das Partnern eines H1-CEO mit einem H1-CIO einen erfreulichen Ausweg bietet?!

Oh Leute, ich mag es nicht mehr hören. Lesen Sie doch die Dilberts zu dem ganzen H1-Business! Hören Sie auf, immer „leider fehlt das unbedingte Commitments des Top-Managements" zu jammern. Die Crux liegt darin, dass sich die CEOs, CIOs und die anderen CxOs vorwiegend mit H1 befassen. Wenn all diese das ein paar Jahre gemacht haben, sind sie für H3 und auch H2 völlig unqualifiziert geworden. Niemand läuft plötzlich um Kunden und Maschinen herum, der gelernt hat, dass der wichtige Platz im Leben der vor dem Beamer ist – im Scheinwerferlicht und etwas verblendet!

Ich möchte einmal eine andere Korrelation vorbringen, darf ich? So ziemlich viele bis gefühlt fast alle Highflyer und Top-Firmen hatten oder haben einen H3-H2-H1 CEO, also einen, der es durchgehend durchzieht! Amazon, Neckermann, Otto, Thyssen, Bosch, Daimler, Google, Zuckerberg/Facebook, Bayer, Bertelsmann, Kärcher, Freudenberg, Schaeffler, Adi Dassler, Plattner, Hopp & Co., die Zalando-Brüder Samwer – ach greifen Sie doch zur Aktienkursliste!

Ich will jetzt nicht behaupten, dass ein H3-orientierter CEO nun gleich der Garant für Top-Business ist, aber vielleicht so etwas wie eine notwendige Bedingung? Kann man „Digitalisierung schaffen", wenn in einem Konzern nur die Marathonläufer das Sagen haben, sodass sie damit die unimodalen Vorstellungen vom prozessorientierten Geldverdienen prägen?

Mit dieser Erkenntnis möchte ich Ihnen den Bart versengen. Ich muss ja keine Beratungsmethode verkaufen. Ich kann Ihnen mit Wahrheit kommen: Hilfe! Merken Sie denn nicht, was passiert? Die müden H1-Marathonläufer wollen zur Linderung jetzt doch einmal Innovationen. Wenn sie es selbst versuchen, scheitern sie. „Man muss auch einmal scheitern dürfen", sagen sie dann und beginnen schamhaft, sich alternativ über Berater eine Menge Ratschläge und Prozesse einzukaufen, damit nun endlich alles disruptiv für die neue Zeit fitgemacht werden kann. Die Berater bekommen dann das Geld und die Schuld.

Witzig, oder? Beim Fußball ist das anders. Bei Misserfolg wird zuerst der Trainer entlassen. Das funktioniert auch oft. Bei Unternehmen stellen die Berater dagegen stets fest, dass es an den Mitarbeitern liegt, die zu wenig begeistert sind …

Ich will sagen: Immer stimmt dasselbe nicht, und jedes Mal wird es durch neue schöne Wörter und Transfer der Schuld nach unten verschleiert. Es hilft nichts: In Zeiten des Umbruchs muss sich der Kapitän um die richtige Richtung selbst kümmern, er darf sich nicht den Kalender mit H1-Zahlen-Meetings zuballern lassen. In vielen Unternehmen sind schon die oberen Management-Ränge ganz von solchen H1-Managern zugeparkt, sodass eigentlich gar keiner mehr zum Kapitän befördert werden kann, der nicht schon die letzten 10 Jahre vom Tagesgeschäft aufgefressen worden ist.

Haben Sie es gelesen? Der Daimler-Chef und der Telekom-Chef besichtigen ein paar Tage lang die Techies im Silicon Valley, sehen sich Entrepreneure und Selbstfahrautos an und kommen staunend zurück?? Und erkennen, dass irgendetwas in Deutschland fehlt?? Hallo??

Jetzt würde man denken, es müsste ein Ruck durch Deutschland gehen. Was aber geschieht nach dem großen Schreckbeben in Kalifornien? In den deutschen Konzernen bekommen jetzt alle Mitarbeiter einen halben Tag gute Ratschläge, wie Design Thinking geht. Und am Nachmittag sitzen sie wieder an H1. So sieht „bimodal" in der Praxis aus. Ich habe das Gefühl, graue Haare zu bekommen, aber sie sind schon grau – aus anderen Gründen.

Dem gescheiten Willen hinterher in die Zukunft

Umdenken! Neumachen! Radikal verändern! Das hören wir jeden Tag. Es passiert aber wenig; das ärgert eigentlich alle; sie brechen deswegen aber nicht auf – aus verschiedenen Gründen. Ich will heute darüber philosophieren, dass sich die verschiedenen Denkweisen in Management und Engineering nicht so gerne in Abenteuer begeben wollen. Keiner will so recht, aber sie fauchen über alle, die mutig vorangehen und ihnen am Ende das Geschäft wegnehmen, mindestens aber die Butter vom Brot. Wenn heute Industrie 4.0 angesagt ist, wenn also IT und Engineering zusammen einen neuen Weg gehen wollen und bald eben müssen – wie geht das aus?

Überall Software!

Autos und Flugzeuge werden teilweise durch Software gesteuert, der Code in solchen Maschinen hat mehr Zeilen als das neue Windows 10. Autos fahren bald ganz selbst, die Energieerzeuger brauchen Softwarelösungen für ein Smart Grid, BIM wie Building Information Management schießt aus dem Boden, viele Dinge gibt es zuerst einmal nur als File zum 3D-Ausdrucken. Es gibt titanisch viel Arbeit!

Auf der anderen Seite sorgt Software dafür, dass vieles bald ganz automatisiert werden kann. Braucht man noch Banken für das Geld? Versicherungen für die Risiken? Gestern war ich beim Zoll, ich hatte bei eBay etwas aus Spanien bestellt, was eigentlich steuerfrei sein sollte. Oh, Mist, die Post kam aber von den kanarischen Inseln, das ist steuerlich gesehen eher wie Helgoland, nicht wie EU. Mein Vorgang hatte eine aufgestempelte Nummer. Ich zeigte vor, dass ich 112 Euro bezahlt hätte. Nun muss man 19 Prozent davon berechnen und eben die resultierenden 21,28 Euro zuzahlen. Dieser Vorgang dauerte mehr als eine Viertelstunde echte Arbeitszeit, es waren etwa acht DIN-A4-Blätter und zwei Beamte in verschiedenen Räumen mit großen roten Anklopfaufforderungen involviert. Da streikte der

© Springer-Verlag GmbH Deutschland 2017
G. Dueck, *Im Digitalisierungstornado*,
https://doi.org/10.1007/978-3-662-54879-0_17

Computer kurz beim finalen Ausdrucken der Quittung! Hilflose Gesichter, Nachfragen, Gemurmel. Man holte einen IT-Fachmenschen herbei, dann kam der Leiter des Zolls hinzu und wies mich sehr streng an, solange zu warten, bis man den Fehler behoben hatte. „Ich fordere Sie auf, sich dort hinzusetzen und Geduld zu haben." Auf unbestimmte Zeit? Er nickte so wie „geht doch nicht anders". Ich bat um eine Handquittung. Er herrschte mich an: „Wir leben bitteschön schon im 21. Jahrhundert. Das geht nicht mit Papier." Zehn Minuten später gaben sie zu viert auf und ich bekam eine sehr offizielle pompöse Quittung mit Stempeln, ein Rücksprung der Zeitmaschine! Ach, gehen Sie doch einmal zum Zoll und erleben Sie das Zeitalter VOR der Digitalisierung. Es fühlte sich an, wie bei der Bank in den 80er Jahren, als es zwar schon Computer gab, aber eben das, was heute „Legacy" heißt.

Ich will sagen: Mit Software meine ich nicht solche wie beim Zoll, die Menschen kraftvoll darin unterstützt, Prozente auszurechnen, sondern eine, die den ganzen Betrieb regelt, soweit das irgendwie geht. Natürlich müssen dazu im Zollbeispiel viele Nationen zusammenarbeiten, gemeinsame Barcodestandards (zum Beispiel) etablieren und die Prozesse neu ordnen – unter hochprozentigem Aderlass beim Personal. Digitalisierung erfasst die ganze Prozesskette!

Ich habe neulich einen Vortrag über die IT in einer Joghurt-Produktion erleben dürfen (die Folien dürfen nicht herausgegeben werden, also in meinen Worten). Da gibt es im Mittelstand eine IT, die die Mailsysteme, Hauszugänge und Mitarbeiterprozesse regelt. Dazu kommt eine andere IT, die alles rund um die SAP-Welt betreibt. Und dann sind da noch zum Teil automatisierte Prozesse und Prozessketten in der Produktion. Wenn Sie zum Beispiel Joghurt in 200-Gramm-Becher abfüllen, dann wäre es gut, es vielleicht mit größter Kunst dahin zu bringen, dass in allen Fällen zwischen 200 Gramm und 201 Gramm Joghurt in jedem Becher sind.

Abschweifung: Manche Fabriken arbeiten so unpräzise, dass sie vielleicht drei oder vier Prozent mehr einfüllen müssen, um niemals das aufgedruckte Gewicht zu unterschreiten. Bei Knäckebrot müssen Sie dann im Ernstfall immer eine Scheibe gratis dazu packen. Hier kann der Unterschied zwischen Gedeih und Verderb eines ganzen Unternehmens liegen!

Zurück zum Joghurt: Es sollte klar sein, dass solch eine Produktion sehr viele Thermometer, Milchfettmesser und Waagen und vieles andere mehr haben muss, um optimal gesteuert werden zu können. Daran arbeiten die Ingenieure und feilen an feinsten Optimierungen. Ein großes Geflecht von Sensoren und Messinstrumenten überall. Leider stammen Waagen und Thermometer, Säuregehaltfühler und so weiter von ganz verschiedenen Herstellern aus völlig verschiedenen Branchen. Ingenieure müssen sie jedes Mal mühevoll in die ganze Prozesskette einbauen.

Das alles wird nun von Software übernommen. Überall! Es wäre doch gut, wenn die Sensoren alle „Plug & Play"-zertifiziert für ein „Produktionsbetriebssystem" wären, das im Ganzen auch für Joghurt passt. Es wäre gut, die IT der SAP-Welt mit der Produktion zu verbinden. Dazu müsste die Produktion eben wirklich zu einer IT-Werkstatt umgebaut werden, also wirklich grundlegend digitalisiert werden. Wie das geht, wurde im Vortrag geschildert, und wir registrierten: Es kann funktionieren, verlangt aber eine wirkliche Anstrengung, eine tolle IT und eine großartige Zusammenarbeit von IT und Produktion.

Diese Zusammenarbeit von echten Experten ist leider noch kritisch wichtig, weil wir eben noch lange nicht bei der Industrie 4.0 angekommen sind, weil Kameras, Thermometer, Mikrophone oder Geschmackssensoren nicht natürlich zusammenarbeiten – oder sarkastisch: natürlich nicht zusammenarbeiten, weil die Hersteller gerne das als Standard sähen, was sie selbst vertreiben.

Digitalisierung und Redigitalisierung

Wenn Sie den Zoll fragen, ob er schon IT hat, wird er eventuell genauso stolz mit JA antworten wie der viel stärker digitalisierte Joghurthersteller. Weil es ja doch schon überall Computer gibt, finden wohl alle, dass sie schon digitalisiert sind. Die meisten haben aber noch keine gute Vorstellung, was wirklich „digitalisiert" bedeuten könnte, und was es an schwersten Problemen zu bewältigen gibt, wenn das Digitalisieren vor hoffnungslos diversen Strukturen 1.0 steht.

Bei der IBM hatte ich meist mit Banken und Versicherungen, mit SAP-Welten und Unified Communication zu tun. Die Welt der Produktion war uns einigermaßen fremd. Sie schien in vielen Teilen noch nicht reif für das echte Digitalisieren. Ich will Ihnen diesen Eindruck einmal als kleinen Schock verabreichen. Ich zitiere aus dem sehr empfohlenen Wikipedia-Eintrag zum Stichwort „Stellwerk". Ein Stellwerk schaltet beim Zugverkehr die Weichen und Signale. Die Technik dazu entwickelte sich mit der Zeit weiter. Zuerst wurden die Weichen mechanisch mit Körperkraft gezogen, später elektromechanisch mit Motoren unterstützt und schließlich unter Computereinsatz gesteuert. Diese ganze Historie der Bahn oder ihr ganzer Zoo ist aber heute noch im realen Leben da. Ich zitiere aus der Wikipedia:

Heute (Stand 2015) sind im Netz der Deutschen Bahn insgesamt 3090 Stellwerke in Betrieb, die sich wie folgt aufteilen:

- *839 mechanische Stellwerke (Anteil am Gesamtbestand: 27 Prozent)*
- *339 elektromechanische Stellwerke (Anteil am Gesamtbestand: 10 Prozent)*
- *1397 Relaisstellwerke (Anteil am Gesamtbestand: 45 Prozent)*
- *424 Elektronische Stellwerke (Anteil am Gesamtbestand: 13 Prozent)*
- *91 sonstige Bauformen (Anteil am Gesamtbestand: fünf Prozent)*

Nach anderen, eigenen Angaben verfügt die Deutsche Bahn über 3397 Stellwerke, die Ende 2013 im Durchschnitt 47 Jahre alt waren. Bei etwa einem Drittel der Anlagen gilt die technische Lebensdauer bei Weitem als überschritten. Insgesamt betrieb die Deutsche Bahn im Jahr 2013 130 verschiedene Typen von Stellwerken.

Haben Sie es gelesen? Im Durchschnitt 47 Jahre alt! Na, werden Sie denken, „die Bahn mal wieder". Aber wie alt sind die Kernanwendungen der Banken und Versicherungen, die man in den 70ern zu bauen begann? Sagen wir – 35 Jahre im Durchschnitt? Natürlich mit kleinerer Varianz, ich weiß.

Die Digitalisierung der Maschinen und Produktionen – das merken Sie jetzt – wird eine Herkules-Aufgabe für lange Zeit. Ich kenne so einige Anstrengungen aus der Finanzwelt, deren Altanwendungen gegen Neuzeitliches abzulösen. Diese Projekte laufen im Grunde auf eine Redigitalisierung der Banken- und Versicherungskerne hinaus und erstrecken sich mit Sicherheit über ein Jahrzehnt hinaus. Wie lange dauert dann Industrie 4.0? Und wer kann das?

Nun sehe ich überall Ingenieure, die vor dem Problem stehen, dass die Digitalisierung Einzug halten soll: bei den Energiekonzernen, Autobauern, Maschinenfabriken – bei Kärcher, Liebherr, Stihl und wie unsere „Champions" alle heißen. Deren IT-Abteilung regelt aber eben bisher „Mail & SAP & Inseln", sie redet nicht unbedingt mit dem Herzstück des Unternehmens. Wie kommen die nun zusammen?

Alte und neue Fragen – neue Antworten

Wahrscheinlich haben sich die Bereiche in den Unternehmen zu stark auf Gewohntes spezialisiert. Die IT auf das Laufen von ERP und Kommunikation, die Produktion auf immer modernere Anlagen und Produkt-Features, das Management auf das Planen und Controlling. Wenn ein Problem auftritt, wird der IT-Admin gerufen, der Plan geändert, das Drücken auf die Ziele verschärft, die Produktion schlanker gestaltet oder ein neuer Produktzyklus angestoßen – mit entsprechendem Marketingtönen.

Eigentlich wissen alle, was sie zu tun haben. Sie müssen es nur immer besser hinbekommen und Gewinn dabei machen. Autobauer bauen neue Autotypen, Motorsägen-Hersteller bessere Sägen. Jeder versteht etwas von seinem Business und ist in seinem Selbstverständnis ein „Leader".

Die Manager sehen verschiedene Hebel, den Gewinn zu steigern: Rechnungen später bezahlen und Forderungen schneller eintreiben, mehr verkaufen, das Business geographisch ausdehnen oder auf anderen Channels suchen, mehr Marketing, Rabattgewährungen oder Preiserhöhungen, Mitarbeitermotivation stärken, die Kundenzufriedenheit steigern etc. Die Informatiker werden an der Verfügbarkeit der Systeme gemessen, an der Sicherheit der Systeme, ihrem Nutzen. Die Produktion denkt über immer neue Verbesserungen sowohl der Produkte als auch der Herstellung nach.

Keiner aber hinterfragt mehr, was sie da eigentlich tun. Sie haben sich eben auf das „wie" spezialisiert. Sie könnten sogar fragen, warum sie es tun.

Ja, warum bauen sie zum Beispiel welche Autos? Eine mögliche Antwort war früher einmal:

- Das Auto gibt mir Freiheit.
- Es macht Freude, besonders ein Luxusauto.
- Ich fahre gerne.
- Ein neues Auto macht mich stolz und selbstbewusst.
- Ich kann damit in den Urlaub.
- Bitte keine Pannen und keinen Rost.

- Ich habe Angst vor Unfällen, es soll sicher sein.
- Ich liebe eine tolle Innenausstattung.

Diese Antwort wandelt sich. Heute ist das viele Reisen eher eine Last. Ach, wir wollen doch nur zum Arbeiten, zum Shoppen oder zackzack zum Urlaubsort. Ein Weltraum-Beamer wäre am besten. „Ich will ohne große Umstände schnell und terminsicher von A nach B und die Zeit dazwischen für Arbeit oder Unterhaltung nutzen."

Die Digitalisierung ist ein guter Zeitpunkt, die Fragen nach dem Warum nochmals ernst zu stellen. Wir können sogar ganz neue Fragen stellen! Warum wollen oder machen wir etwas? Wir wollen das Beste, was wir uns vorstellen können und machen alles in der besten Weise, die wir uns vorstellen können. Das Beste aber und die beste Weise verändern sich. Wir wollen jetzt ein selbstfahrendes Taxi, das uns auf Smartphone-Befehl ganz schnell und sicher nach B bringt. Es soll High-Speed-Internet haben und auf Wunsch automatisch in der Nähe von Pokestopps so langsam fahren, dass man die Pokebälle und Eier einsammeln kann. Von Freiheit, Ledersitzen und Pannen ist keine Rede mehr. Wenn etwas mit dem Auto nicht stimmt, ruft es selbst ein Ersatzfahrzeug und wir steigen um – versichert ist es ja selbst. Wir wollen einfach kein Problem mehr mit dem Auto haben, keinen TÜV, keinen Winterreifenwechsel, keine Tankstopps und kein Unfallmanagement mehr. „Komfortabel von A nach B ‚as a service'".

In einem normalen Unternehmen ist das neue Beantworten alter Fragen und besonderes das Stellen neuer Fragen fast destruktiv. Man wird ganz abgewimmelt oder die meisten Leute zucken mit den Achseln und wursteln weiter wie bisher. „Okay, ich baue die Luxus-scheinwerfer beim Auto. Die braucht man doch! Ich habe mit Digitalisierung nichts zu tun." – „Ich bin Lenkradkonstrukteur. Zur Sicherheit sollten wir die Lenkräder noch drin lassen und weiter optimieren. Sie sind ja immer noch nicht bestmöglich. Lenkradheizung sollte bei autonomem Fahren zum Standard gehören." – „Wir sollten die Bankzweigstellen luxuriös renovieren, dann kommen wieder mehr Kunden rein."

Solche Leute haben die Antworten auf die alten Fragen zu sehr internalisiert. Das Auto soll immer noch mehr Freude und Sicherheit bieten, noch immer weniger rosten und immer pannenfreier sein, es soll noch stolzer machen und einen immer größeren Teil des Egos ersetzen. Sie denken immer noch in Filialen und Beratung, sie glauben an die Anziehungskraft ihrer Logos und Mottos. Sie arbeiten sich tiefer und tiefer mit ihren gewohnten Methoden und Denkfiguren in die einstigen Anforderungen hinein.

Die heutigen Startups tun das nicht. Sie fragen nicht, was ein VW-Kunde vor dreißig Jahren wollte („mehr PS"), sondern was ein junger Mensch in zehn Jahren kaufen könnte. Sie fragen nicht, was „unser Kunde will", sondern darüber, was die ganze Menschheit an sich wohl brauchen könnte. In einem Startup streiten sich die ITler und die Ingenieure nicht, wer was nach welchen Methoden macht. Sie ringen hart mit den neuen Anforderungen, die die „alten Industrien" nicht wahrhaben wollen. Sie üben und probieren, lernen und experimentieren … Sie sind nicht getrennt in Management, IT und Produktion. Es gibt keine etablierten Denkmuster in den verschiedenen Stockwerken.

Raus aus den Methoden- und Denkbunkern!

In meinem Philosophie-Werk, der Omnisophie-Trilogie, habe ich lange über die verschiedenen Denkweisen der Menschen nachgedacht. Ich gebe hier einmal eine brutal kurze Fassung ab, die natürlich die dreibändige Begründung nicht ersetzen kann. Sie sollten nur die Kernidee aufnehmen können! Meine These: Der Mensch hat drei Gehirnhälften, zwei oben im Hirn, eine im Bauch.

In der linken Hirnhälfte sitzt der Verstand, der sich mit Vorliebe der logischen Analyse, den Regeln und Normen in der Gesellschaft und der Ordnung und der Gerechtigkeit widmet. In der Ökonomie wird angenommen, dass der Mensch keine weiteren Hirnteile hat und deshalb ein Homo Oeconomicus ist, was für BWLer näherungsweise stimmen könnte. Freud verwendet für die Normen und Regeln den Begriff des Über-Ichs, der passt ganz gut.

In der rechten Gehirnhälfte residiert die Intuition. Sie denkt nicht in Regeln, sondern in Visionen, Leitlinien, Ethik und Ästhetik. Bei Freud gibt es ein „Ich-Ideal", das ist verwandt damit.

Im Bauch sitzt der Wille (lesen Sie Schopenhauer) bzw. das Freudsche Es oder der Instinkt, der sehr binär denkt: Will oder will nicht. Der Kunde beißt an oder nicht. Gefahr oder nicht. Sieg oder Niederlage. Draufhauen oder fliehen. Schauen Sie sich diese Dreiteilung im Diagramm an (Abb. 17.1):

Die BWLer „denken mit der linken Seite". Sie können alles in Bullets und Zahlen, in Methoden und Regeln erklären, sie maximieren und optimieren, sie sind schlau, mit

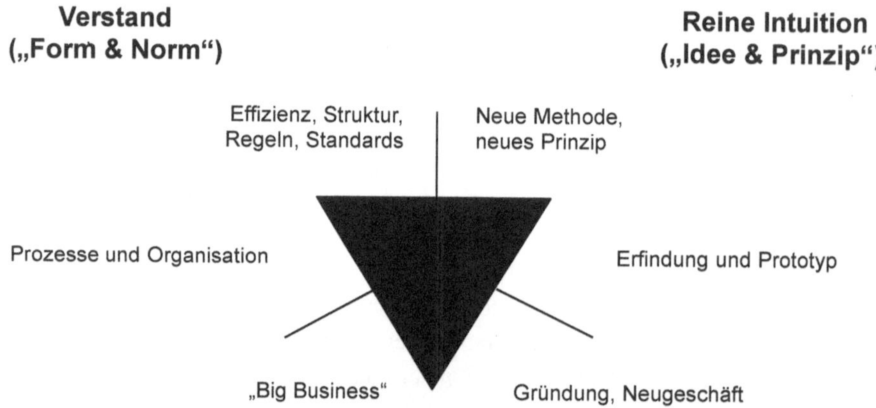

Abb. 17.1 Das omnisophische Dreieck und die Denkziele

scharfem Verstand. Sie sind stolz auf ihre guten Pläne, Methoden und vor allem auf das quantitative Resultat.

Wissenschaftler und Ingenieure, insbesondere auch die Informatikprofessoren und Uni-Informatiker, erfinden und entwickeln, erstellen Prototypen und sind stolz auf ihre Ideen, besonders auf ganz neue und strahlende. Sie haben Phantasie und denken mehr assoziativ und mustererkennend.

Die echten Unternehmer setzen durch, was ihr Wille zum Gegenstand hat. Sie verkaufen, besiegen oder führen. Sie sind stolz auf ihre Wirkung und das Vorankommen.

Im Diagramm habe ich Zwischenstufen benannt. Zum Beispiel kann es ja Mischformen von Wille und Intuition geben. Mehr Intuition als Wille neigt zu Prototypen und hängt sehr an der Idee dahinter. Mehr Wille als Intuition will schon etwas Wirkliches tun! Etc. Noch ein Diagramm (Abb. 17.2)!

Welche Seite des Denkens beherrscht wen? Welche sollte denn herrschen?

Große Unternehmen leiden in der disruptiven Zeit sehr darunter, dass das Denken nach der linken oberen Ecke fast diktatorisch dominiert und jedenfalls im Meeting stets die absolute Mehrheit hat.

Wenn sich dagegen Techies, Informatiker und Ingenieure treffen, diskutieren sie nur über neue Ideen. Die Instinktmenschen starren dagegen in Meetings mit Vorliebe auf Tabellenstände und Rennlisten aller Art. Wer siegt? Wer ist der Beste? Wer hat etwas bewegt?

Nun sage ich eben, dass es für die Digitalisierung Intuition und vor allem Willen braucht. Den haben die Planungsbehörden in den Hauptverwaltungen nicht, auch nicht die Techies,

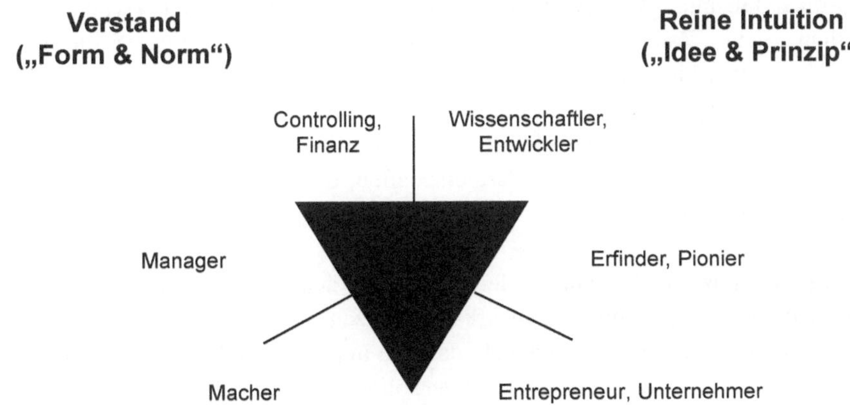

Abb. 17.2 Das omnisophische Dreieck und die Menschenrollen

nicht die ITler und nicht die Ingenieure. Einzeln vielleicht, aber nicht in der absoluten Mehrheit. Also schließe ich, dass eben fast nichts Neues klappen kann.

Na, das merken die ja alle selbst. Die Chefs appellieren heute in jedem Meeting: „Traut euch. Habt Mut. Mal einen Fehler machen ist nicht schlimm. Habt nicht immer nur neue Ideen, setzt sie auch um. Tut etwas, theoretisiert weniger. Bitte sofort los! Easy start! Bitte kein jahrelanges Brüten. Mit einer Dissertation oder mit Over-Engineering macht man keine Millionen! Keine Angst! Ihr schafft das!"

Die Linkshirne haben Angst, gegen die Vorschriften zu handeln. Die Intuitiven haben absolut keine Lust, nach der Prototyp-Phase alles noch mit Blut und Schweiß in die feindliche Praxis zu tragen. Davon haben sie ja nichts, weil sie vor allem auf die Idee stolz sind und sie eventuell beim Umsetzen verhunzen oder aufgeben müssen (so geschieht es bei Bildungsreformen). Die Linkshirne tun „nur" ihre Pflicht und halten sich an die Vorschriften, die idealistischen Rechtshirne mögen nicht in die harte Realwelt eindringen. Daher diese „Trau Dich!"-Appelle an die Linkshirne und die „Mach auch was!"-Appelle an die Rechtshirne. Daher sagt man „Bedenkenträger" zu den Linkshirnen und „reiner Künstler" zu den Rechtshirnen.

Wille fehlt. Wille macht was. Wille ist tapfer. Wille hält sich an Regeln, solange es nötig ist, nicht länger. Wille ist agil. Aber Wille ist blind, er braucht ein Ziel. Großer Wille braucht ein großes Ziel.

Zukunft in neuen Geschäftsmodellen

Die alten Industrien bröckeln. Amazon hatte man ausgelacht, heute reden sie alle von „Plattformkapitalismus." Google wurde verhöhnt, weil sie alles durch Werbung finanzieren wollten. Haha, diese dummen Banner im Internet wollen etwas gegen die Anzeigen im Stern! Nun sagen sie, die Daten seien das Erdöl des 21. Jahrhunderts, und Google habe sie heimlich einkassiert.

Und wir verstehen doch: Die Zukunft liegt in neuen Geschäftsmodellen, deren Regeln und Prioritäten, deren Abläufe und Partnerschaften, der Logistik und finanzielle Logik revolutionär anders lauten.

- Die BWLer müssen nun ganz anders ticken, es ändern sich nicht nur die Regeln, sondern die Philosophie des Regelwerks im Ganzen.
- Die Ingenieure bekommen Bauchweh, dass sie in den neuen Geschäftsmodellen ganz anderen technologischen Konzepten folgen sollen; sie sollen nicht ewig besser werden, sondern jetzt ganz anders (zum Beispiel ist Benzinmotor wie Physik, Batterie wie Chemie).
- Die Informatiker in der Kern-IT erlebten schon mehrere Grundsatzhäutungen (von Mainframe bis zu Laptops und dann ab in die Cloud), aber sie sahen, dass im Ergebnis die Bank immer noch Geld überweist. Sie mögen die Technologiewechsel im laufenden Geschäft gar nicht so gern, weil am offenen Herzen operiert wird und sie ständig Baustellen mitten in der Arbeit bekommen, die der steten Veränderung geschuldet sind.

Alle drei Parteien sind im Diagramm irgendwo oben. „Kopf ohne Körper." Wenn ein Business lange gut läuft, ersetzt so langsam Dem Willen die Prozessenergie den Willen, der Kopf reicht dann ja vollkommen aus. „Wir sind eine prozessgetriebene Firma", sagt man.

Nun kommt die Zukunft. Die erreicht man am besten durch beherztes Verfolgen neuer großer Ziele. Wenn Elon Musk SpaceX oder Tesla gründet, eint das große Ziel dahinter die Pläne, die Kontrollen, die Technologien und die Weggefährten. Die Prozesse müssen erst noch gefunden werden, die Technologien neu entwickelt werden, genau wie die neue IT-Plattform dazu. Alles neu. Das ist keine der lokalen Optimierungen, mit denen wir uns meist befassen, das ist eben „disruptiv" oder „revolutionär", es dreht uns den Magen um. Gehen wir also bitte gemeinsam los? Könnten wir uns gemeinsam entschließen? Gemeinsam Zukunft wollen?

Ach, kein Wille im Universitätskolloquium, keiner in Calls und Meetings. Wir haben zu wenig Zuversicht, wenn junge Pioniere, Entrepreneure und Nachwuchsalphatiere alles verändern. Warum findet es keiner spannend, einmal wieder auf der grünen Wiese zu beginnen? Warum wollen die meisten in großen Unternehmen sicher auf ihr Lebensende hinarbeiten?

Wenn einer was Gescheites wirklich will – gehen Sie einfach mit.

Kennen Sie die Begriffe des Book Smarts und des Street Smarts? Das sind zwei bestimmte Spezies, die in vielen amerikanischen Witzen als Gegensatzpaar auftreten. Im Internet habe ich nun eine dritte Spezies vorgeschlagen gefunden – das hat in mir ein Aha-Erlebnis ausgelöst. Das gebe ich nun nach längerem Wiederkäuen an Sie weiter.

Dreierlei Smarts

Book Smarts sind in den USA solche, die ihr Wissen gelernt haben – traditionell in Vorlesungen und aus Büchern. Book Smarts lesen auch die Fußnoten mit und sind wahnsinnig gescheit, aber eben auch manchmal fast unmenschlich theoretisch. Mathematiker sind auch theoretisch, aber es ist ihnen dabei klar, dass reine Mathematik nicht wirklich weltzugewandt ist – das muss sie für sie auch nicht sein. Richtige Book Smarts aber finden, dass sich die Welt tatsächlich und wirklich nach ihrem Buchwissen richten sollte.

Kennen Sie Book Smarts in Person? Es gibt da so ganz extreme Versionen! Denken Sie an Leute, die haargenau nach Rezepten kochen und dabei immer Messbecher benutzen – ja, oder an Controller, Einkäufer, BWler, viele Lehrer, Therapeuten, die jeweils eine reine Lehre vertreten. Wer solche reine Lehre nicht so schätzen mag, wie diese das von uns wollen, grummelt über sie. „Sind eben Akademiker." Oder wir schimpfen: „Zwanghafte! Pfennigfuchser! Genauigkeitsfanatiker! Prozessverliebte! Korinthenkacker!" Das hervorstechendste Merkmal ist vielleicht, dass Book Smarts keine Ausnahmen dulden wollen. Da finden wir oft, dass sie mit dieser Vorstellung die reale Welt verlassen haben und irgendwo „schweben". In den Wolken zum Beispiel, oder weit über dem Teppich.

Street Smarts sind dagegen die Praktiker, die mit der konkreten Welt zu tun haben. Sie ringen mit den Menschen und Maschinen. Das Wort „konkret" kennen Street Smarts gar nicht, weil für sie alles konkret ist. Sie schaudern nur vor dem Theoretischen der Book

© Springer-Verlag GmbH Deutschland 2017
G. Dueck, *Im Digitalisierungstornado*,
https://doi.org/10.1007/978-3-662-54879-0_18

Smarts. Das Wort „konkret" wird von den Book Smarts oft gebraucht. „Werden Sie bitte konkret!", schleudern sie uns entgegen, wenn sie meinen, wir sollten jetzt nicht dauernd über Arbeit und Maschinen daherreden, sondern harte Zahlen bringen. Zahlen sind für Book Smarts konkret, nicht aber die wirre Wirklichkeit der Street Smarts. Street Smarts haben wenig Ahnung von der Theorie, die eben in der echten Welt nie funktioniert. Sie besitzen eine Schlauheit des Dschungels, sie sind clevere Meister des Überlebens, sie stehen im täglichen Ringen wie im Straßenkampf der Gangs in New York. Es geht um das Reagieren auf die Ereignisse der Sekunde, nicht um den Entwurf eines Fünfjahresplans, der die Zukunft bis zum Quartalsende beschreibt. Street Smarts treffen richtige Entscheidungen in kritischen Situationen.

Book Smart: Verstand. Street Smart: Instinkt!

Das Urban Dictionary (ich liebe diese Erklärungen von normalen Menschen!) definiert einen Street Smart so: *A person who has a lot of common sense and knows what's going on in the world. This person knows what every type of person has to deal with daily and understands all groups of people and how to act around them. This person also knows all the current shit going on in the streets and the ghetto and everywhere else and knows how to make his own right decisions, knows how to deal with different situations and has his own independent state of mind. A street smart person isn't stubborn and actually listens to shit and understands shit.*

(Eine Person mit einer Menge von gesundem Menschenverstand, die weiß, wie es in der Welt zugeht. Diese Person weiß, wie sie jede Art von Personen im täglichen Leben behandeln muss, sie versteht alle Gruppen um sich herum und weiß mit ihnen umzugehen. Diese Person kennt all die Scheiße, die auf der Straße, im Ghetto und sonstwo passiert, und kann immer richtig entscheiden, sie kann mit allen Situationen umgehen und hat einen unabhängigen, freien Standpunkt. Ein Street Smart ist nicht widerspenstig, ganz im Gegenteil, er hört sich all die Scheiße an und versteht die Scheiße auch.)

Diese Sätze sind authentisch Street Smart, nicht wahr? Book Smarts wollen keine Scheiße – nur saubere Zahlen. Street Smarts gehen mit Scheiße souverän um.

Der Book Smart kann zum Beispiel kein neues Elektrogerät benutzen, wenn er die Gebrauchsanweisung nicht versteht. Dann geht es eben nicht – ja, außer, man fragt einen Street Smart, der gleich an allen Knöpfen rummacht, sodass dem Book Smart alle Haare zu Berge stehen, aber das Gerät tut es dann. „Wie hast du das gemacht?" – „Weiß nicht, es geht eben." – „Schreibst du mir bitte eine Dokumentation über deinen erfolgreichen Bedienprozess?" Ja, Book Smarts wollen immer Dokus (die sie dann nicht verstehen), da fühlen sie sich sicher. Dokus, Governance, Compliance, Reviews – sonst machen die Street Smarts nämlich, was sie wollen.

So – ich muss darüber nicht noch mehr schreiben. Sie erkennen bestimmt alle Personen neben Ihnen wieder und wissen jetzt auch, wer mehr verdient.

Es gibt vielleicht eine neue Art, die theoretische und dir praktische Seite unseres Daseins besser zu verbinden. Es sollte nämlich mehr *Stream Smarts* geben! Diesen Begriff habe ich in einem Newsletter von *Breaking Smart* neu skizziert gefunden – da war mir sofort klar, dass es um etwas sehr Wichtiges geht. Der Artikel, der mich wirklich elektrisiert hat,

hat im Internet den Titel: *Book Smarts, Street Smarts und Stream Smarts*. Ich interpretiere den Stream Smart jetzt einmal frei nach dieser Vorlage.

Wir schätzen heute sehr, dass es Leute gibt, die für ein spezielles Thema „brennen" und ein Talent dafür haben, viele andere mitzuinteressieren. Sie übernehmen die Leadership für einen Ausschnitt unserer Welt – na, vielleicht sind sie so eine Art Vereinspräsident für eine bestimmte Gruppe von Gleichgesinnten. Sie posten Wichtiges auf Google+, auf Facebook und in eigenen Blogs, und wir anderen sind brave und öfter auch mal kommentierende Follower – dankbar, streitbar und immer interessiert. Diese Stream Smarts erzeugen einen Strom von Nachrichten und Tiefsinnigkeiten im Netz, die jeder abgreifen, diskutieren und komplettieren kann. Bei Unternehmen würde man sagen: Die Stream Smarts sind „keystones in an eco-system". Sie können die Theorien der Book Smarts mit den konkreten Lebensproblembeispielen zusammenbringen, während sie die Book Smarts eventuell nur als „use cases" kennen. In solchen Streams kann man an den Kommentaren leicht herausfinden, wo die Pro's und Contra's liegen, was daran begeistert oder Angst macht. Alle zusammen lernen und tauschen Erfahrungen und auch Gefühle aus.

Wenn Sie in einem ganz bestimmten Gebiet einfach herausfinden wollen, wo die Weltmeisterschaftslatte liegt, was gerade am besten funktioniert oder weltführend ist – dann suchen Sie am besten solche Streams und bleiben Sie eine Weile in der zugehörigen Community. Nehmen Sie teil, geben Sie, dann wird Ihnen gegeben.

Unternehmensinnovation und Weltverbundenheit

Stream Smarts braucht ein jedes Unternehmen! Ich sehe überall, dass die Unternehmensbereiche sich jeweils schon für die halbe Welt halten, manchmal ist es schon ein Wunder, dass sie eine Welt draußen noch wahrnehmen. Sie schotten sich gar nicht so sehr ab, wie immer behauptet wird – nein, sie nehmen sich gar nicht gegenseitig wahr – höchstens sehr störend, wenn gemeinsame Richtungsbeschlüsse anstehen.

In diesen verschiedenen Bereichen versuchen sie sich dauernd an innovativen Brainstormings – völlig unerschütterlich, obwohl es noch nie zu etwas geführt hat. „Tue mehr vom Gleichen!" ist ein neurotischer Hauptfehler nach Watzlawick. Man sagt auch sehr oft und unverstanden, dass die Dummheit „immer das Gleiche macht und jedes Mals ein anderes Ergebnis erwartet".

Was soll denn das, wenn ein Benzinmotorenhersteller über Elektroautos brainstormt? Haben Physiker und deutsche Ingenieure als geniale Strömungsmechaniker irgendeine Ahnung von Chemie der Batterien? Können Physikweltmeister schnell mal per Meeting oder Hausmesse Chemieweltmeister werden? Wie denn? Kommen nicht – wie die Presse berichtigt – Deutschlands Elite-CEOs wie Tim Höttges und Dr. Dieter Zetsche mit vollkommen anderen Augen zurückgeflogen, wenn sie ein paar Tage im Silicon Valley weilten? Reisen bildet, jetzt gibt es bestimmt auch überall Hängematten und Tischfußball in den Eingangshallen der Hauptverwaltungen, damit Gäste schwer beeindruckt sind. Na, wenigstens Design Thinking für alle Mitarbeiter muss drin sein. Design Thinking ist gerade die heilige Kuh, die man noch nicht schlachten darf. Design Thinking möchte, dass alle Mitarbeiter einmal wirklich nachdenken, was der Kunde wirklich will. Das wird aber wieder in der engen Unternehmensbereichswelt diskutiert – und ein bisschen mit Kunden.

Oft ist es auch völlig klar, was Kunden wollen: Billige Elektroautos, billige Batterie-Rasenmäher (über die sich die Nachbarn nicht beschweren), pünktliche Züge, ein einziges wirklich gutes Mobilfunknetz, nicht drei beste Netze. Merken die Firmen das nicht? Wollen sie nicht? Sie brüten dann wieder einmal intern über ihre derzeitigen „Herausforderungen".

Stream Smarts braucht ein jedes Unternehmen! Ich meine nicht solche, die als Super-fachexperten interne Blogs betreiben und Rat geben können. Raus! Raus, Leute! In einer Welt des Wandels ist das Wichtige zum Beispiel der Digitalisierung nicht im Unternehmen selbst. Autos sind in Bezug auf Bedienbarkeit der Inneneinrichtung im Vergleich zu iPads steinzeitlich. Also müssten sich doch die Experten einmal mit den Apple-Produkten befassen? Wenn ich antiquarische Bücher auf dem ZVAB-Netz kaufe, bekomme ich „Lieferung in 8 bis 12 Werktagen" angezeigt. Das ist okay, das Buch ist ja schon alt, aber wir, als Amazon-Verwöhnte, finden es wieder urwäldlerisch, einfach so. Alles, was mit Rechts-anwälten zu tun hat, riecht nach Fax und Stempeln. Meinetwegen Fax, das funktioniert ja, aber wir haben sofort das Gefühl, dass wir unsinnig viel Geld für Ineffizienz ausgeben müssen. Es gibt ja derzeit vielleicht schon bald demnächst eventuell wahrscheinlich beA, das „besondere elektronische Anwaltspostfach", da bekommen Anwälte Mails, die nur sie selbst lesen können, nicht etwa unbefugte Gehilfen oder Sekretärinnen. Diese Mail ist absolut sicher und soll sehr bald zeitnah nach der Eröffnung des Berliner Flughafens und nach der Einführung der Gesundheitskarte das Fax ablösen – derzeit klagen noch ziem-lich ältere Berufskollegen gegen den Zwang, beA auch benutzen zu müssen, wenn die Gerichte keine Faxen mehr machen. Das Fax, so die Klagen bei Gericht, ist nämlich viel sicherer, ich stelle mir das so vor, dass in der Kanzlei irgendwo ein Fax-Gerät steht und die Sekretärin die Faxe nimmt und auf die Anwälte und Postfächer verteilt. Wahrscheinlich ist beA so sicher, dass man alle paar Tage das 20-stellige Passwort ändern muss – da übergibt man diese ganze Sicherheitsorgie auch wieder der Sekretärin.

Ich will sagen: Wenn man von außen in solche Organisationen hineinschaut, schüttelt man ganz oft oder fast regelmäßig den Kopf über „Steinzeit". Das Neue ist draußen! Da müssen die Unternehmen doch einmal hinschauen!

Sie sollten Stream Smarts haben, die nicht etwa im Unternehmen selbst agieren, sondern einfach ohne jeden Kompromiss Weltblogger sind und Keystones in ihren Communities bilden. „Oh, da wandern Geheimnisse nach außen!", fürchten sich die Bosse. Ist Steinzeit geheim? Leute, heute brauchen wir alle eine gewisse Weltverbundenheit. Für die könnten Stream Smarts sorgen.

Betriebsintellektuelle müssen her!

Ich gehe noch einen Schritt weiter: Wir brauchen so etwas wie Intellektuelle im Unter-nehmen oder in der Uni, überall in der Gesellschaft. Die gab es früher – die sind weg. Wo sind sie? Ich habe mal bei „Intellektueller" im Wörterbuch nachgeschaut.

Im Amerikanischen gibt es neckische Synonyme: „Highbrow", einfach nur Besserwisser oder Hochintellektuelle, wahrscheinlich mit Smartphone-Internet-Phobie. Dann „Chrome Dome", das sind Professoral-Weißhaarige mit ziemlich viel Glatze oben und mit hinten jahrelang vernachlässigter Langmatte. Es gibt Boffins, so eine Art oft vorkommender Geheimwissenschaftler … Die alle meine ich nicht. Jetzt Wikipedia:

Als Intellektueller wird ein Mensch bezeichnet, der wissenschaftlich, künstlerisch, religiös, literarisch oder journalistisch tätig ist, dort ausgewiesene Kompetenzen erworben hat und in öffentlichen Auseinandersetzungen kritisch oder affirmativ Position bezieht.

So etwas sollte man in Unternehmen „dulden": Experten, die im Unternehmen kritisch Position beziehen und sich mit dem Management auseinandersetzen. Ich stelle mir Böll(er) gegen die Regierung vor. Chef beißt auf Grass. Reich-Ranicki bespricht die Strategie!

Ist das vorstellbar? Im Augenblick werden Kommentare aus der Realwelt von den Managern und Filterblasen-Politikern allenfalls als Querdenken lächelnd zur Kenntnis genommen und damit weitgehend abgetan. Es müsste Intellektuelle geben können, die wirkliche Wirkungstreffer landen (dürfen). Das ist bestimmt der Fall, wenn wir einstmals zu „Management 4.0" kommen werden, oder? Ich meine – nur zur Sicherheit: Intellektuelle in diesem Sinne sind keine Hofnarren, die mit Wahrheiten belustigen.

Backbrains

Mindestens große Organisationen müssten ein ganzes Netz von solchen Intellektuellen und Stream Smarts einziehen, die die Funktion wahrnehmen, alle Fachexperten in einer weltverbundenen Diskussion zu behalten, sie gemeinsam zu befruchten und auf neue Ideen zu bringen. Sie könnten den so dringend benötigten Nährboden für die digitale Transformation er Wirtschaft und des Staates bereiten.

Die SZ dieser Woche zeigt eine Karikatur (aus der Reihe *Meissners Strategen*) zweier Manager, die eine leere weiße Präsentationsfolie an die Wand gebeamt haben. Sagt der eine: „Vielleicht könnten wir diesen Teil, wo es um die Gestaltung der digitalen Transformation geht, noch etwas mit Inhalt füllen … " Genau vor diesem Problem stehen die Regierungen, die Manager und auch wir als Privatpersonen.

Wie kann das sein? Wieso ist Digitalisierung das Wort des Jahres 2016 (hiermit meine Nominierung)? Hilfe, ich habe schon seit 1987 eMail! Und 30 Jahre danach ist beA immer noch nicht benutzungsbereit? Das wäre nicht passiert, wenn es Leute gäbe, die eine Weltverbundenheit herstellen.

Ich will es Backbrain nennen, so wie Sie schon Backbone kennen. Wir brauchen neben den Zahlenströmen des BWLer-Gehirns und dem SAP-Material-Blutkreislauf noch ein Nervensystem, das die Außenwelt spüren und wahrnehmen kann. Als ich 2011 in den Unruhestand wechselte, hatten wir bei IBM schon gute Ansätze dazu: Es gab die Fellows und Distinguished Engineers, die IBM Academy of Technology und ernannte Top-Talents – die bildeten eine Art Grundlage eines solchen Nervensystems. Die waren einigermaßen gut verbunden! Die kannten sich und informierten sich, trafen sich und vernetzten sich auch menschlich-freundschaftlich – wir nahmen uns vor, als Ganzes das technologische Gewissen des Unternehmens zu sein.

Ich hätte mir noch gewünscht, dass nun diese vielleicht zwei Prozent von allen zu allen Messen und Weltkonferenzen, ins Silicon Valley und so wo hätten reisen und sich extern auftanken können. Es geht nicht nur darum, dass die Marketing-Leute überall sind, sondern auch die „Techies". Die aber sind meistens nur bei solchen Ereignissen oder nur dort, wo sie ihre eigene Technik vorstellen und sich ähnliche von Wettbewerbern anschauen können – auf der CeBIT zum Beispiel.

Aber sie alle, sogar die weiter rausreichende Marketingabteilung, bleiben irgendwie immer in ihrer Filterblase. Und dann sagen Unternehmen in ihrer Filterblase: „Breitband? Haben wir unterschätzt." – „Cloud? War eigentlich erst nur ein Architekturprinzip, und jetzt kam es anders." – „Chips für Windows-Geräte, was denn sonst? Oh, wir dachten nicht, dass die Mobilgeräte auch ein Business sind." – „Tesla? Die machen doch nur Verlust. Ärgerlich, jetzt wollen die Kunden Elektro. Mist." – „Uber? Funktioniert nie." – „Apple will Autos bauen, dass ich nicht lache. Die stellen sich das so vor, dass man bei Foxconn welche bestellt. Können die doch nicht."

Selbst die neuen Weltkonzerne sind nicht so weltverbunden, wie man denken könnte. Nach vielleicht schon zwanzig Jahren werden sie erwachsen und wissen nun, wie alles geht. Dann sind sie so groß, dass sie alleine alle Meetings abhalten können. Und deshalb finde ich: Sie brauchen ein intellektuelles Backbrain aus Stream Smarts.

Okay? Heute muss natürlich alles 4.0-ready gemacht werden. Viele Book Smarts fangen schon an, Management 4.0 zu erfinden, damit die armen Unternehmen wieder teure Berater brauchen. Ein Backbrain wäre schon mal richtig gut für 4.0. Weltverbundenheit!

Flachsinn im Attracticon

19

Alle zwei Jahre schreibe ich eine Kolumne „zum Buch". Dies erscheint gerade unter dem Titel *Flachsinn – Ich habe Hirn, ich will hier raus*. Es geht darin um viele Themen rund um die Aufmerksamkeit, die heute so wichtig geworden ist. Aufmerksamkeit wird derzeit schon als neue Währung „des Jahrhunderts" angesehen. Na, jedenfalls hat sie einen eigenen hohen Stellenwert gewonnen.

Ökonomie der Aufmerksamkeit

Wir fragen uns derzeit etwas ratlos, wie Donald Trump die Wahlen zur US-Präsidentschaft gewinnen konnte. Wir schimpfen über das Aufschäumen eines neuen Populismus. Wir entsetzen uns über die verbalen „Aussetzer" und Brutalitäten, die Trump aber eine ungeheure „Presse" einbrachten. Er zog alle Aufmerksamkeit auf sich – aber doch eigentlich nur schlechte?? Wir lernen, dass man unter Umständen sogar mit schlechter Publicity Gewinn machen kann. Wir sehen, dass Aufmerksamkeit an sich einen Wert besitzt.

Wenn etwas viel wert ist, wird es natürlich zum Gegenstand des ökonomischen Denkens. Wie bekomme ich Aufmerksamkeit, wie verwerte ich sie? Das sind die Fragen, die viele Kreative in der Internetwirtschaft nicht schlafen lassen. Man denkt nach: „Wie bekomme ich Traffic auf meine Webseite?" Auch hier ist Traffic ganz neutral gemeint. Wir wollen Traffic, egal wie flachsinnig! Denn Traffic kann über Werbung zu Geld gemacht werden („traffic can be monetized").

Panopticon, Attracticon und Analyticon

Ich bemühe noch einmal das Bild des Panopticons, dass ich Ihnen schon zweimal in einer Kolumne vorgestellt habe, einmal vor vielen Jahren als Vorstellungsbild der

© Springer-Verlag GmbH Deutschland 2017
G. Dueck, *Im Digitalisierungstornado*,
https://doi.org/10.1007/978-3-662-54879-0_19

Abb. 19.1 Alte Postkarte (20er Jahre) vom heute noch betriebenen Stateville Prison

Machtausübung (nach *Michel Foucault*) und einmal als erweitertes Netz-Panopticon, in dem wir als Personen im Internet ständig beobachtet werden. Ich habe ein „neues" Bild dazu im Netz gefunden (Abb. 19.1), eine uralte Postkarte (kein Urheberrecht mehr) des heute noch fast genauso betriebenen Illinois State Gefängnisses in Stateville. Googeln Sie ein bisschen nach neuzeitlichen Fotos vom Stateville Prison, es sieht heute schon fast futuristisch modern aus – aber es ist nur auf Hochglanz aufgepeppt.

Das Gefängnis ist als Rundbau konzipiert, die Zellen sind im Kreis angelegt. Im Zentrum des Baus befindet sich ein Wachturm, von dem aus man ungehindert in alle Zellen Direktblick hat. Die Zellen haben schöne große Fenster, aber nach innen! Diese Konstruktion geht auf Jeremy Bentham zurück, der 1791 vorschlug, in dieser Weise effizient Macht über viele auszuüben. Ein Wächter genügt für tausend Häftlinge, die sich jederzeit beobachtet wähnen müssen und deshalb kuschen.

Die Vorstellung dieses Panopticons hat dann später auch in die Organisation der Unternehmen hineingewirkt. Ein Controller beherrscht uns mit seinem umfassenden Einblick in die Zahlen, die wir produzieren. Er sieht und überwacht uns nicht wirklich selbst, aber eben unsere Leistungskennzahlen. Diese Zahlen lasten auf uns wie der Blick eines Gefängniswärters.

Die Gefangenen haben einen obersten Grundsatz:

Bloß nicht auffallen im Panopticon!

Abb. 19.2 Teatro de Fenice, 2015, nach der Rekonstruktion, Venedig Photograph: By Youflavio – Own work, CC BY-SA 4.0, aus der Wikipedia

Wer in Machtstrukturen auffällt, ist eben „auffällig", was fast rundweg negativ ausgelegt wird. In Machstrukturen liebt man Gehorsam, Gleichgerichtetheit und Norm. Wer nicht der Norm genügt oder sein Ziel erfüllt, ist eben „abnormal". Jeder soll in Reih und Glied stehen und seine Pflicht tun.

Ich will nun mit einem zweiten Vorstellungsbild (Abb. 19.2) visuell schlagartig erklären, dass sich unsere Zeit von Machtstrukturen zu Netzstrukturen verändert. In Machstrukturen regieren eingesetzte Bosse und Fürsten. Im Netz kommt es darauf an, weithin sichtbar zu sein und über die Sichtbarkeit Einfluss auszuüben.

Stellen Sie sich also die Situation umgekehrt vor. Sie stehen auf der Bühne und möchten möglichst viele Leute erreichen. Das Bild zeigt das Teatro La Fenice in Venedig. Ist es nicht frappierend ähnlich zum Gefängnisbau? Statt der Gefangenen in Zellen sitzen da nun wohlhabende Kunden in Logen, und statt des Wächters im Turm stehen nun Sie selbst dort auf der Bühne und werden angeschaut. Sie sollen dort Wirkung in den Logen erzielen. Die Leute sollen Ihnen applaudieren und am besten das tun, wozu Sie sie animieren wollen. Sie sollen sich in das Gedächtnis der Zuschauer einbrennen. Sie sind jetzt „visible". Sie sind der Akteur im Attracticon, Sie sollen die Aufmerksamkeit aller anziehen.

Wenn Sie früher in einem Unternehmen befördert werden sollten, dann geschah das über Ihren Abteilungsleiter, der beim Hauptabteilungsleiter Fürsprache für Sie hielt. Heute aber werden die Beförderungen oft gesammelt im ganzen Bereich „prozessiert", man schaut sich die Kandidaten im einem Meeting an. Stellen Sie sich vor, da ist ein Kandidat

Weltmeister in IT, arbeitet aber relativ introvertiert-verborgen im Maschinenraum, der ohne ihn nicht funktioniert. Da fragt der Personaler im Meeting: „Kennt den einer?" Alle schütteln den Kopf. Das bedeutet: Der Kandidat ist überhaupt nicht „visible". Sein Abteilungsleiter schwört nun, dass das Unternehmen ohne ihn gar nicht überleben könnte. „Befördert ihn endlich!" Sie schütteln den Kopf. „Wenn jemand gut ist, wird er doch seine Verdienste ins rechte Licht rücken. Dann aber würden wir ihn im Licht sehen und auch kennen. Wir kennen ihn aber gar nicht, wir haben den Namen nie erwähnt gefunden. Also ist er nicht gut." – „Doch, er ist gut! Hilfe, er ist gut!!! Er redet eben nicht darüber." – „Oh, dann ist er dumm! Das beweist wieder, dass er nicht gut sein kann."

Nehmen Sie es hin: Jeder ist heute für das eigene Verdienstdarstellen selbstverantwortlich. Jeder steht irgendwie auf der Bühne und muss Applaus ernten. Niemand sollte hinter dem Vorhang oder gar der Bühne arbeiten. „Visibility" ist Trumpf. Der Erfolg wird an Aufmerksamkeit gemessen, also zum Beispiel im Netz an der Anzahl der Follower bei Twitter, der Likes bei Facebook oder der Endorsements bei LinkedIn. Im Unternehmen müssen Sie eben bekannt sein! Die Chefs wechseln doch so oft, Ihr jetziger kennt Sie sicher noch gar nicht gut! Wenn Sie aber „visible" sind, kennt er Sie schon dann, wenn er Ihr Chef wird. Dafür müssen Sie sorgen.

> Im Attracticon ist das Auffallen unbedingt nötig!

Ich wechsle zu einem dritten Vorstellungsbild. In diesem stehen Sie auch auf der Bühne, aber nicht als Mitarbeiter, der auf sich aufmerksam machen will, sondern als Kunde. Sie stehen dann im Rampenlicht und werden von allen Logen aus mit Operngläsern beäugt. In den Logen sitzen Händler und Vorteilssucher aller Art, die mit Ihnen ein Business machen wollen. Die berechnen jetzt mit „Algorithmen" aus Ihrem Verhalten auf der Bühne, wer Sie wohl sind und welche Vorteile man aus Ihnen ziehen kann. Das nenne ich Analyticon.

> Im Analyticon wollen Sie eher nicht auffallen – weil etwas Ungewisses mit Ihnen geschieht.

Nach der reinen Lehre kann man Ihnen besseren Service bieten, wenn man Sie kennt. Die Algorithmen kümmern sich um Sie, aber sie machen Sie auch unruhig, weil sie unberechenbar aussehen, so wie unbekannte Verkäufer an der Haustür. Sie sind uns nicht vertraut – das ist es. Manche von uns verstecken sich deshalb und verhüllen sich auf der Bühne, weil sie die Algorithmen fürchten, mit denen in den Logen gearbeitet wird. Dann aber verlieren sie an „Visibility". Die aber in den Logen winken Ihnen wie im Tumult zu: „Sieh her! Klick mich, sieh mich, verabrede dich mit mir, liebe mich, kaufe mich!"

Sie stehen also mal in einer Gefängniszelle, mal auf der Bühne als Darsteller, mal auf der Bühne als Beobachteter oder so genannter Kunde, mal ratlos vor den Logen, die Ihnen dann wohl so erscheinen (Abb. 19.3):

Abb. 19.3 „Das Analyticon"/Bild-Quelle: Adobe Stock Foto

Dumm einfach bis genial einfach

In meinem Buch *Schwarmdumm* und auch in *Flachsinn* konfrontiere ich Sie mit der folgenden Grafik, die eine einfache Weisheit ausspricht. Diese Zeichnung habe ich auf der Webseite von Olivia Mitchell gefunden (Abb. 19.4). Sic! Olivia Mitchell erklärt an ihrem Schaubild, wie man gute Präsentationen hält (Wärmstens empfohlen: http://www.speakingaboutpresenting.com/content/presentation-simplicity/). Sie erklärt den Zusammenhang zwischen der Eleganz der Darstellung eines Sachverhaltes in Reden und der Komplexität der Argumente.

Stellen Sie sich vor, Sie sind absolut top in IT und sollen einen Fachvortrag halten. Sie sind, nehmen wir an, Großmeister und wissen alles. Daher können Sie voll loslegen und alles in beliebiger Komplexität erklären – was Sie in der Regel auch gerne tun. Ihre hochkomplexen Erklärungen stoßen im Management und bei Kunden meist auf ratlose Mienen. Entweder erleidet man Ihren Vortrag ganz gefasst oder jemand fragt Sie tapfer: „Können Sie es einfacher sagen?" Bei dieser Bitte denken sich die meisten Fachleute dies: „Oh, die haben keine Ahnung. Wie ich das verachte. Sie interessieren sich gar nicht wirklich und wollen nicht mitdenken. Okay, dann erkläre ich es noch einmal für Dumme." Fachleute reagieren in dieser beschriebenen Weise auf Laien mit „dumbing down", sie überlegen nicht, wie sie es genial einfach erklären können. Viele IT-Produkte sind schrecklich kompliziert – da klagen alle, sie könnten die Produkte nicht bedienen. Dann bekommen sie eine dumm-einfache Lösung. Apple ist bekannt dafür, das nicht zu tun. Apple bietet genial einfache Lösungen. Es ist klar, dass der Erfolg von Apple auf dem Genial-Einfachen beruht. Aber es ist schwer für andere, so etwas hinzubekommen. „Oft kopiert und nie erreicht?"

Abb. 19.4 Beziehung zwischen Komplexität
und Eleganz, nach Olivia Mitchell

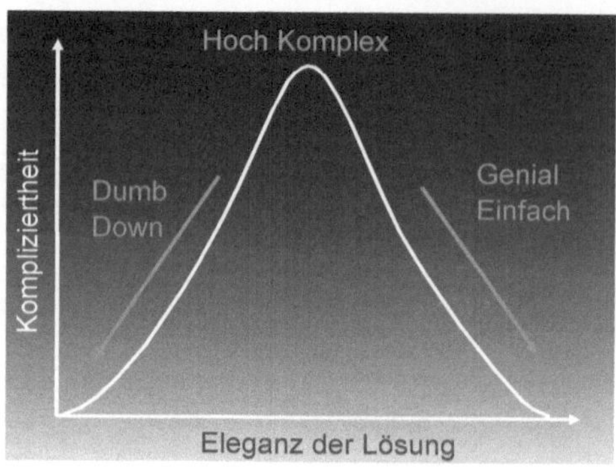

Simpel, dumm, laut und schrill!

In der heutigen Welt arbeiten wir in Netzwerken – die Anzahl der Menschen, mit denen
wir zu tun haben, wächst – aber wir sind ihnen weniger vertraut – zu viele! „Warum
kommt denn jeden Morgen ein anderer Postbote?", fragen wir den heutigen. „Es ist anders
als früher, wir kommen am frühen Morgen zum Chef, und der verteilt uns jeden Tag effizient neu auf irgendwelche Straßen. Wir kennen nichts mehr genau, das tut mir leid." Die
Medienvielfalt ist noch stärker gewachsen als die Vielfalt unter den Postboten und immer
neuen Chefs über uns („Bungee-Manager" heißen sie bei Dilbert), die uns nie richtig
kennenlernen. Alle wollen unsere Aufmerksamkeit, wir sollen alle kennen, sie alle sollen
uns kennen. Die Werbefläche hat sich im Digitalen Zeitalter um mehrere Zehnerpotenzen
vervielfacht.

> Wir haben aber immer nur die gleiche Aufmerksamkeitsmenge. Sie ist sehr
> endlich.

In dieser Lage treffen sehr viele von uns einen naheliegenden Entschluss: Sie entziehen
ihre Aufmerksamkeit allem, was kompliziert ist, was lange dauert, schwer zu verstehen ist
oder Überwindung kostet. Wir lesen keine ganzen Bücher mehr, mögen kaum noch Videos
länger als 10 Minuten anschauen und kommunizieren in Kurzformeln auf WhatsApp. Das
Hochkomplexe, das einen Experten ausmacht, wird nun nicht nur als zu komplex wahrgenommen, sondern als ärgerlicher Versuch eines Zeitdiebstahls. Viele Unternehmen lassen
sich ja gegen Millionenbeträge beraten, aber sie wollen zwar die Millionen zahlen, aber
ganz und gar nicht die Studien mit den Fakten echt durchlesen. „Millionen können wir
schon bezahlen, aber wir haben keine Zeit für kompliziertes Mitdenken. Bitte drei Folien
mit den wichtigsten Bullets! Bitte ein Executive-Summary."

Ich will sagen: Das Komplizierte wird nicht mehr akzeptiert. Wir wollen es simpel oder
genial einfach. Sehen Sie dazu die Abb. 19.5.

Abb. 19.5 Zwischen „dumb down" und „genial einfach"

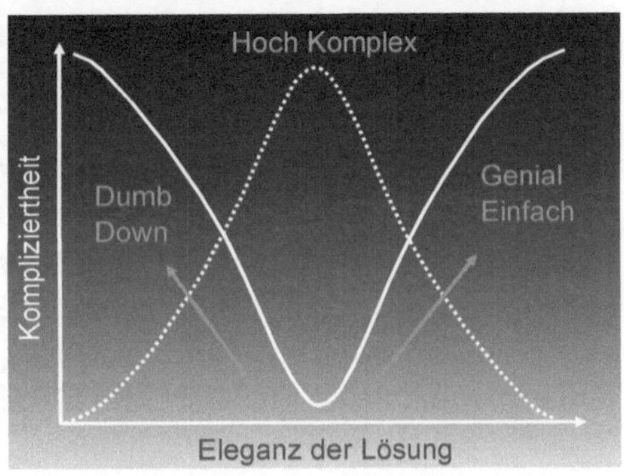

Das Genial-Einfache aber ist selten, weil es Talent, Gespür für den Anderen und geduldige Arbeit erfordert. Einstein sagt: „Klarheit ist das Ergebnis härtester Arbeit." Damit ist aber Einsteinsche Klarheit gemeint, keine dumme. Wer aber will noch hart arbeiten, wenn es doch so viele Aufmerksamkeitsfronten gibt?

Das Ergebnis: Wir machen das Komplexe schnell einmal dumm-einfach. Alles wird kurz, schnell und simpel zurechtgestutzt. Wird wenigstens das wahrgenommen? Auch nicht. Die Medien haben es schon erkannt: Wir haben nur noch Zeit für Tote, Amokläufe, den Weltmeister, für skurrile Ausnahmen, Lachnummern und Skandale. Früher mischte man immer ein wenig Nacktes darunter, denn: „Sex sells." Heute müssen die Dschungelkamper schon Oralsex mit Ameisenbären oder so anfangen, wenn es uns interessieren soll. Bronzemedaillengewinner gehen uns nichts mehr an, wir wollen Zweikämpfe um Platz 1 sehen, aber bitte menschlich hässliche und am besten blutige. Extrempolitiker machen mit und fordern gleich Zäune um Wohlstandländer, Ausländer raus! Die Arbeitgeber wollen jetzt ein bedingungsloses Grundeinkommen OHNE ihre Beteiligung, dann sind sie die Low Performer bequem los. Nieder mit der EU! Exit von allem. Wahlkämpfe werden mit populistischen Parolen geführt – je simpler, schriller und dümmer, desto besser. Denn das Schrille wird besser gehört als alles andere. Die TV-Anstalten brauchen das Schrille, also muss jede Diskussionsrunde mit Schreihälsen bestückt oder wenigstens ergänzt werden. Da pöbeln die einen zum lauten Entsetzen und zur Empörung der anderen. Spätestens jetzt schreit man innerlich: „Ich habe Hirn, ich will hier raus!" Denn die Mitte schwindet – hier die komplexe Mitte. Und da es mühsam ist, der rechten Seite des Genial-Einfachen zuzuarbeiten, geht alles hin zu „dumb down".

Flachsinn rules!

Wer auf sich aufmerksam machen will, muss es jetzt irgendwie schrill hinbekommen, weil ja alle „visible" sein wollen. Die Werbung wird immer flachsinniger, weil sie alle andere Werbung übertönen muss. Die Blockbuster und Tatortkrimis werden immer abstruser und blutbrünstiger. Top-Manager versuchen sich an „bold action" bzw. an Aufsehen erregenden Entscheidungen oder an kühnen Aufkäufen, die sie in die Presse bringen. Politiker befassen sich mit der Provokation der Woche – nach jedem Seehofer-Impuls streitet die Öffentlichkeit wieder eine Woche um ein sinnloses Goldenes Kalb herum. Einstige Vorbilder verlieren sich in Schlammschlachten, kaum jemand überlebt ohne Shit-Storm.

Die Werbeindustrie trumpft mit flachsinnigen Inhalten auf. „Inhalte" werden nun strategisch nur noch zur Emotionalisierung erzeugt. Wir sollen Ätzendes nur anklicken. Es ist vollkommen egal, ob uns diese Inhalte etwas sagen, uns nützen oder uns erfreuen. Der reine Klick auf sie eröffnet uns den Blick („view") auf Werbebanner, mit denen das Geld verdient wird. Inhalte sind in diesem Sinne nur Köder, sie werden für Klicks ausgelegt.

> Inhalte sind vielfach nur noch Kick zum Klick.

„Content is king" sagen sie alle, und viele meinen damit eben nur etwas, was Aufmerksamkeit auf sich zieht. Neulich philosophierte jemand von BILD auf einer Tagung etwas traurig über die Welt, so etwa im Sinne, dass „es nun auch andere können", was die BILD traditionell ausmacht. BILD fühlt ja vielleicht immer noch eine Art Axel-Springer-Mission. Eine solche brauchen die Kick-for-Click Media nicht, es geht ja nur noch um die Werbebanner. Und deshalb sehe ich für die nächste Zukunft, dass der Flachsinn in ärgerlicher Weise die Oberhand gewinnt.

Wo ist der Tiefsinn? Wie hält er dagegen? Wo sind die Intellektuellen, die oft Geisteswissenschaftler waren – von jener Spezies, die sich heute erschrocken in Internet-Phobie selbstgefällt? Wie reagiert das Bildungssystem, das immer noch glaubt, uns mit Unterricht im Mittelhochdeutschen und Altgriechischem retten zu können? Nichts gegen all das, aber früher hatte das Tiefsinnige und Wichtige im Prinzip die alleinige Macht. Politiker und Lehrer bestimmten, was Bildung war oder zu sein hatte. Wir waren Gefangene im Panopticon unseres Bildungssystems. Der Pflichtkanon hatte die Macht, die Aufmerksamkeit für sich zu beanspruchen.

Nun steht das Ernsthafte, Wichtige und Ehrwürdige nicht mehr als allmächtiger Wächter im Turm des Panopticons, sondern als Darsteller im Attracticon, der sich Applaus verdienen muss. Das aber hat das Ernsthafte, Wichtige und Ehrwürdige noch nie lernen müssen – selbst attraktiv zu sein. Das war es ja vielleicht dereinst, als die Menschen viele Jahrzehnte an Kathedralen bauten. Aber es glaubt einfach nicht, dass sich die Zeiten ändern. Es schert sich nicht darum, ob Schulstoff oder Uni-Lehre interessant ist. Es droht nur noch mit dem Durchfallen bei Prüfungen – das wirkt bald auch nicht mehr.

Und daher breitet sich der Flachsinn ohne Gegenwehr aus. Wie kommen wir da heraus?

Immer wieder Digitalisierung. Dieses Thema liegt den Unternehmen nun wirklich schwer im Magen, wo es aber schon seit etwa 20 Jahren liegt – viel zu wenig beachtet. Nun macht es zunehmend Schmerzen. Ich habe schon immer Reden als „unterhaltsamer Querdenker" darüber gehalten, jetzt sollen es nach den Auftraggebern eher „Weckrufe" sein. „Aufrütteln" ist meine neue Mission. Ich tue mein Bestes.

„Rückzug auf Kernkompetenzen" und die Folgen

Unternehmen wurden von ganzen Beratergenerationen dazu erzogen, nur noch all das selbst im Unternehmen zu betreiben, was sie besser machen können als spezialisierte Kräfte draußen, die sich wahrscheinlich billiger einkaufen ließen, keine Betriebsrente bekämen und wie eine atmende Reserve hin und herbestellt werden könnten. Man zog sich, so hieß es damals ganz neu klingend, auf die eigenen Kernkompetenzen zurück. Darüber lästerte ich schon oft (im Buch *E-Man* zum Beispiel) so: „Das Unternehmen ist eine Art Gyrosspieß, das sich immer wieder die Stellen abschneidet und verkauft, an denen es sich verbrannt hat. Es schrumpft dann so langsam ein. Zum Schluss bleibt nur der Unternehmensstab übrig." Oder: „Gymnasiasten oder Studenten wählen alle Fächer oder Prüfungen ab, in denen sie nicht gerade ihre Kernkompetenzen sehen. Dann machen sie zum Beispiel ein 1.0-Abitur in Religion und Erdkunde."

Die ganze IT ist so ein Zankapfel: „Wir sind am Ende des Tages ein Produktionsunternehmen, keine IT-Firma. Wir geben das weg. Die aus Indien machen das schön billig." – „Die IT gehört nicht zur Kernkompetenz einer Bank oder Versicherung – es sind nur lästige Buchungen, die geben wir raus, ja, vielleicht an die Postbank." – „Die IT muss sein, aber wir haben ein Auge darauf, dass die Kosten der IT gemessen am Gesamtumsatz des Unternehmens stetig fallen. Wir vergleichen uns dazu in der Branche und sehen uns

© Springer-Verlag GmbH Deutschland 2017
G. Dueck, *Im Digitalisierungstornado*,
https://doi.org/10.1007/978-3-662-54879-0_20

einigermaßen weit unten angekommen. Computer werden doch billiger, und wenn man die IT nicht extrem kurzhält, frisst sie uns noch auf. Unverschämte Leute gibt es da, die uns dauernd etwas von Sicherheit und Exzellenz beliebig vorschwatzen und es ausnutzen, dass wir davon keine Ahnung haben wollen. Und weil wir das auch nicht wollen, ist IT auch keine Kernkompetenz von uns."

In der Automobilindustrie behielt man fast nur noch die forschende Entwicklung, die Endfertigung am Fließband und das Verkaufen der Autos beim Händler als „Kernkompetenz". Der Rest wurde möglichst vergeben, um dort nur die Gewinne abzuschöpfen – wow, das gibt einen Hebeleffekt! Die Zentrale macht fast nichts mehr selbst, bekommt aber immer noch den ganzen Gewinn!

Nun aber verändert die Digitalisierung die Gewichtungen. Die Kernkompetenzen verschieben sich, und es kann gut sein, dass das, was noch am Gyrosstab hängt, bald arg verbrannt sein wird.

Neue Kernkompetenzen am Horizont!

In der Automobilindustrie ist die Dramatik der Entwicklung am leichtesten zu beschreiben. Immer schneller zeichnet sich der Trend zu selbstfahrenden Elektroautos ab.

Ich sage das heftig „aufrüttelnd" immer wieder – früher als „Clown", heute als Ketzer: Es gibt in Deutschland 55 Mio. PKW mit einer Durchschnittsleistung von etwa 13.500 Jahreskilometern bei 43 Mio. Erwerbstätigen. Man kann leicht nachrechnen, dass die Fahrzeuge im Durchschnitt nur so etwa fünf Prozent am Tag gefahren werden. Würde man das ganze Verkehrssystem auf Selbstfahrtaxis umstellen (so wie „Cloud" bei Computern), könnte man den Nutzungsgrad der Fahrzeuge vervielfachen und so den Fahrzeugbestand auf vielleicht ein Fünftel senken.

Elektromotoren haben keine Einspritzpumpen und keinen Auspuff, sie sind sehr einfach gestrickt im Vergleich zu den Benzinmotoren. Die Kernkompetenz der Motorenentwicklung entfällt bald zu weiten Teilen. In der SZ äußerten sich Betriebsräte von Herstellern und stellten in den Raum, dass die Elektromotorenentwicklung mit vielleicht nur noch einem Sechstel der heutigen Ingenieure betrieben werden könnte. Ich weiß ja nicht, ob dabei auch gemeint war, dass nicht etwa ein Sechstel übrigbleibt, sondern ein neues Sechstel gebraucht wird, also ein neues sein wird, denn „Elektro" ist eine andere Kernkompetenz. Und es wird keine solchen Spezialkräfte geben …

Es wird nun langsam diskutiert, ob man die Batteriezellen auch in Deutschland fertigen sollte. Denn – etwas flapsig ausgedrückt: „Das Intelligente an oder die Kernkompetenz bei Elektroautos ist die Batterie – nicht der Motor." Hat Deutschland Ahnung von Batterien? Nein. Daimler kam gegen die Billiganbieter aus China nicht an, und schnitt sich diese Kompetenz vom Gyros ab – verbrannt. BMW denkt nach: ja, wenn es die Stückzahlen einst hergeben werden, dass sich eine Kernkompetenz lohnen würde …

Die Sicherheit des Autos zu gewährleisten, erfordert hohe Kernkompetenzen. Wir wollen uns in Knautschzonen und in mitten von Airbags wohlfühlen können. Nun aber kommen die selbstfahrenden Taxis! Die werden durch Software gesteuert und werden damit am Ende so sehr intelligent, dass sie keine Unfälle mehr zulassen. Dann aber brauchen wir keine Knautschzonen oder Airbags mehr, nur noch absolute TOP-Algorithmen.

Selbstfahrautos von morgen brauchen also gute Algorithmen und Batterien, und der ganze Fuhrpark in Deutschland wird bedeutend kleiner.

Core Competence Shift Happens: Es geht nicht mehr nur um eine Hin und Her in den Märkten, ein Auf und Ab der Konjunktur. Wirklich große Veränderungen „drohen" den Verschläfern.

Die Motorenentwickler können wir doch demnächst nicht wie Heizer bei der E-Lok mitfahren lassen. Na, gut, die Autobauer ziehen sie noch eine Weile mit und lassen sie noch kompliziertere „Hybridautos" bauen (so wie Dampfloks, die auch mit Diesel und mit Strom fahren). Ja, und „wir" in Deutschland haben leider keine Exzellenz im Batteriebau, und wir sind „weg" vom Fenster bei Solar.

Aber wir lachen nach wie vor über Tesla („nicht gut verbaut"), erklären Teslas Investoren für irre („Tesla ist an der Börse mehr wert als BMW, das sind alles Verrückte") und wir sehen Teslas Bemühungen um Ladestationen und Batteriefabriken zum Tode verurteilt. Selbst Teslas Kunden sind blöd: „Tesla hat so einen Riesencomputer da vorne drin, den braucht man während der Fahrt nicht." Und die Genugtuung über den tödlichen Unfall eines selbststeuernden Tesla war wochenlang in der Presse zu spüren: „Schau, das sicher Bewährte bleibt ja doch immer da. Wir wollen nicht von Algorithmen abhängig sein, wir wickeln uns selbst um den Baum."

Wir leben nun schon zwanzig Jahre mit der Digitalisierung. Ich habe damals an dieser Stelle ziemlich viele ärgerliche Kommentare eingefangen. Da war ja diese Kolumne mit dem Unterkapitel „Amazons Verluste machen reich". Lange Jahre gab es Streit, ob Amazon nicht nur eine wertlose Software ist. Ich bin das letzte Mal (2011) sehr hart abgeduscht worden, als ich einem Handelsunternehmen erklären wollte, dass ihm dasselbe mit Zalando noch einmal droht. Hass wie bei Tesla. Oder über Uber. „Diese Unternehmen ruinieren uns und sterben dann natürlich selbst auch. Und reißen sie mit, wir sind Opfer."

Ich wundere mich: Die Manager fast aller Firmen mahnen, dass es heute eine „revolutionäre Veränderung geben wird", sie zitieren immer wieder, dass Nokia am Smartphone scheiterte (andere Kernkompetenz), dass Kodak in die Pleite lief (andere Kernkompetenz), dass Katalogversender wie Quelle oder Neckermann niedergingen (andere K …). Diese Massen von Managern betonen immer wieder, wie gut sie die Lektionen derer wie Kodak verstanden hätten. Aber wenn man diesen selben Chefs erklärt, auch sie müssten sich zu neuen Kernkompetenzen verändern, dann wollen sie lieber noch abwarten, ob es wirklich so kommt. „Hey, Kodak und Nokia haben auch gewartet … "

Dematerialisierung

Bei Cloud Computing teilen sich mehrere bis viele Nutzer einen Computer in der Cloud. Die Kernkompetenz liegt in der Managementsoftware, die Cloud zu betreiben. Eine andere Kernkompetenz wäre, extrem billige Server für die Cloud zu bauen (für 30 Euro das Stück?). Oder haben „wir" dazu keine Lust und geben das zusammen mit den Batteriezellen nach China?

Die Selbstfahrautos könnten entsprechend als „Cloudteile" aus Pappe gebaut werden, aber die Software muss Mega-Giga-Exzellenz aufweisen.

Uber arbeitet an der Verwaltung und Abrechnung von Taxis und den Leistungsabrechnungen. Die Software schickt Autos, die heute noch zum Einüben der Software (!) von Menschen gesteuert werden. Die Presse regt sich also über die Fahrer auf, aber die sind doch nur die Zwischenlösung! Airbnb bietet die Software für Unterkünfte-Management. Zimmer aus der Cloud!

Man spricht von einer „Sharing Economy", es geht aber um Cloudfizierung, also um das effiziente gemeinsame Ausnutzen teurer Ressourcen.

Mähdrescher und Rübenroder werden schon lange von mehreren Bauern über Maschinenringe genutzt, alles kalter Kaffee! Neu ist das Steuern der gemeinsamen Nutzung über Software im Netz. Damit lassen sich jetzt eben nicht nur Erntemaschinen, sondern auch Transportmittel und Immobilien besser nutzen.

Beispiel: Viele Gemeinden besitzen schweres technisches Gerät für Bergungen, Hebebühnen und Kräne für Klavier-oben-ins-Fenster-heben oder Papagei-aus-dem-Baum-retten oder für das Kappen zu hoher Bäume. Der Nutzungsgrad solcher sehr teurer Geräte liegt wieder bei wenigen Prozent. Kommt demnächst ein Schwermaschinen-Uber?

Immer läuft es auf eine Dematerialisierung hinaus. Weniger Computer und Kräne. Weniger Autos. Weniger Teile an den Autos, weil eben „Hardware" durch „Software" ersetzt wird. Die Intelligenz des Ganzen wandert von „Ingenieur" zu „Algorithmus". Das wird noch vielen derzeit Arbeitenden den Schlaf rauben, auch weil wir da zu viele Unterschiede sehen. In den USA gibt es das Wort Informatik gar nicht. Man nennt sich „Engineer" wie die anderen auch …

Dematerialsierung? Nein, das mögen Deutsche wieder nicht … wirklich nicht. Auch wenn es ökologisch ist, wie es nur sein kann.

Roboterisierung versus Meta-Managen

Vor dem Automatisieren warne ich ja schon lange und ätze seitdem über die zunehmende Flachbildschirmrückseitenberatung bei den Banken oder in den Autohäusern, bei denen die hartnäckig so genannten Berater den wartenden Kunden an ihren Selbstfindungsprozessen am Bildschirm stockend und unzusammenhängend teilhaben lassen. „Lassen Sie uns einmal sehen, ob Ihr gewünschtes Auto inklusive Motor geliefert wird. Hmmh, das steht doch nirgendwo. Finde ich nicht. Wissen Sie was? Wir konfigurieren einfach das ganze Auto fix und fertig, das dauert eine halbe Stunde, und anschließend fahren wir eine virtuelle Probe im Netz mit Ton. Da dürfte das Auto ja nicht anspringen, wenn es keinen Motor hat."

Viele Berufe werden derzeit so sehr stark prozessiert, dass man sich das Klicken eines Menschen schließlich ganz ersparen kann. Es ist also nicht so, dass die Berater nun gar keine Ahnung mehr hätten oder haben könnten, aber sie sollen es nicht müssen, weil ihre Arbeit ja künstlich verdummt wird, um sie automatisieren zu können.

Alle übrigbleibenden Arbeiten haben dann aber etwas mit dem Klarkommen mit Menschen oder mit Exzellenz zu tun. Die Arbeit 4.0 erfordert Persönlichkeit und/oder Meisterschaft, selbstständiges Arbeiten und Selbstverantwortung.

Das bisherige Management der Zahlen und der hierarchischen Anweisungen wird ebenfalls automatisiert. Böse gesagt: Zahlenmanager sind leicht nachprogrammierbar, sie haben ja auch oft nur sehr simple Wenn-Dann-What-If-Denkweisen, die man ebenfalls gut als „Expertensystem" automatisieren kann.

Hierarchien und der Matrixaufbau des Managements verschwinden ins Netz.

Wie aber führt man jetzt Unternehmen mit selbstverantwortlichen Mitarbeitern? Das ist derzeit noch nicht so einfach zu sagen, auch weil immer nur gesagt wird, was alles verschwindet, und nicht, was kommt. Tendenziell könnte wahr werden, was seit langem gesagt und gefordert wird: Der optimale Manager ist ein wichtiger Knoten im Netz, er coacht seine Mitarbeiter, führt sie als Vorbild und empowert sie nach aller Möglichkeit. Das wird übrigens ähnlich bei der Kleinkinderziehung so gesehen. Da ist es viel unstrittiger, dass Eltern als Vorbild agieren sollen und fördern, coachen und empowern müssen, nicht nur sollen! Es passiert aber nicht, selbst beim eigenen Baby nicht. Eltern hauen lieber verbal auf Erzieher und Lehrer ein, von denen sie erwarten, dass – ja was? – dass das Kind langsam als hochbegabt geoutet wird, also gute Zahlen präsentieren kann.

Die erfolglosen Appelle an Manager, doch als Vorbild zu führen, höre ich nun schon mehr als ein Vierteljahrhundert. Es geschieht wenig, weil der Wechsel von der Taktgeberrolle des heutigen Stressmanagers zum Vorbild seiner Schutzbefohlenen wieder eine Veränderung seiner Kernkompetenzen verlangt.

Das Management ist sehr fix darin, Mitarbeitern Selbstverantwortung zu predigen, aber nur, um sie sich selbst zu überlassen. Professoren lassen die Doktoranden selbstständig forschen, aber sie erziehen sie nicht zum Forschen an sich: was sind die wichtigen Fragestellungen? Wie stellt man die guten Fragen? Welche Antworten haben einen Wert für die Gesellschaft?

Führung der Zukunft muss über die Metaebene vernetzen. Aber da ist sie nicht einmal gedanklich selbst.

Die Führungs-, Bildungs- und Erziehungsfragen werden wie ein Schwarzer Peter hin und her geschoben. Die Eltern sollen es tun und können es ja nicht – und deshalb haben wir die „Schere der Herkunft". Nur Kinder, die Glück mit coachenden Vorbildern haben, die ihnen auch noch Bindungswärme geben, haben Erfolg, die anderen haben eben Pech. Schlimm! Dann sollen es die Kindergärten, Schulen oder Unis richten, die Arbeitgeber oder sonst wer. Die aber liefern vor allem „Services" zur Credit Point Accumulation oder zum Erreichen der Quartalsziele.

Ignoranz der jeweils gerade Besten

Den jeweils gerade Besten geht es gerade jeweils gut. Kodak Film lachte über Kilopixel, Karstadt über Amazon, die IT-Größen lächelten seit 2006 über die amateurhaften Versuche einer winzigen Firma namens Amazon Web Services, eine „Elastic Cloud" anzubieten. „Das ist kein Business." Diese hochmütige Haltung (sie nennen es berechtigtes Selbstbewusstsein) ist gar nicht das Schlimmste. Die alten Unternehmen und Kulturen verstehen nicht, dass das Neue sehr oft einen Schwenk in den Kernkompetenzen erfordert, um den die Neuen oft sehr hart ringen müssen. Nein, es ist nicht so einfach, weil Amazon eben nicht so sehr Händler ist, sondern Logistikmeister. Logistik musste aber ganz neu gelernt werden, sonst kann kein Gewinn gemacht werden! Das hatten alle alten Firmen immer gewusst, aber nicht gedacht, dass man Logistik lernen kann.

Die etablierten Firmen schauen dann immer etwas belustigt zu, wie die kleinen Neuen irgendetwas neu lernen, wie es dauernd immer noch nicht klappt und nur ganz langsam besser wird. „Anfänger, diese Neuen!", tönt es überall.

Irgendwann aber kann Amazon Logistik oder Cloud. Irgendwann funktioniert ein Facebook oder WhatsApp. Aha? Es geht? Man verdient?

Jetzt laufen die Etablierten auf Kongresse und schauen es sich an. Sie fühlen den Shift der Kernkompetenzen, stellen sich ihm aber nicht. Sie versuchen zu entkommen. Mit Mischmaschstrategien, die man bei Beratern einkaufen kann. Die kosten viel Geld, was die Etablierten beruhigt.

„Hybridautos sind die Antwort der Zukunft, mit unseren alten Motoren drin und einer lausigen Batterie, die hier gut funktioniert, weil der Motor ja immer noch da ist, wenn sie leer wird."

„Wir machen jetzt Multi-Channel oder noch besser gleich Omni-Channel. Der Kunde soll uns sehen, wie er es will. Hauptsache, er bleibt bei uns. Zack, schnell eine Webseite und ein Call-Center, die kaufen wir von außen ein."

„Okay, dann vermieten wir eben unsere Produkte als Service." Oh weh, stellen Sie sich vor, IKEA würde das Aufstellen der Möbel als Service anbieten. Dann müssen ja deren Mitarbeiter die Möbel nach Akkord aufstellen. Daher wäre es gut, wenn die Möbel so konstruiert wären, dass sie sich am besten wie von selbst aufstellen. Ich will sagen: Die Produkte mögen super sein, aber wenn sie als Service aufgestellt werden müssten, sollten sie anders sein – ein Wechsel der Kernkompetenz steht an. Philips bietet Licht als Service an, man sorgt also dafür, dass alle Lampen leuchten. Wenn man Leuchten verkauft, kann man sie so kraus bauen, dass Leute wie ich eine Stunde über italienisches Design fluchen, wenn sie alles auseinanderbauen sollen. Licht als Service aber erfordert neue Produkte!

Alle diese riesigen Veränderungen bei einem Wechsel im Geschäftsmodell werden von den derzeit Besten meist ignoriert. Sie denken, sie könnten im Ernstfall das Neue schnell kopieren, wenn es funktioniert. Sie verstehen nicht, dass ein Wechsel in den Kernkompetenzen sehr schmerzhaft wird und lange dauert. Die derzeit Besten sind die Besten im Jetzt, und nicht überall sonst und nicht schon morgen anderswo.

Lebenslanges Lernen

Schon die Jugend lernt, dass es mit dem Lernen nie aus ist. Aber alle denken, man muss etwas dazulernen. Niemand redet vom Shift der Kernkompetenzen. Würden Sie so etwas gerne tun? „Schluss mit Frisör – jetzt Bäume beschneiden!" Ach, dass ist vielleicht noch zu nahe. Windstrom und Kohlestrom sind weiter auseinander. Ich selbst bin damals als Professor für Mathe-Nachrichtentechnik zur IBM gegangen und habe mein Fachgebiet komplett gewechselt, bin dann Manager geworden, was wieder etwas Anderes ist. Ich weiß noch, wie viel Bammel ich hatte, auch bei meinem Gang in die Selbstständigkeit vor gut fünf Jahren.

Wenn aber eine Firma die Kernkompetenzen wechselt, ist es nicht damit getan, dass Einzelne tief durchatmen und den neuen Weg gehen. Sie müssen die anderen auch zum Wandel tragen.

Wenn Sie selbst einmal vom Haareschneiden zum Ästeputzen umgeschult werden sollen, dann erschauern Sie ziemlich stark über das, was da von Ihnen verlangt wird. „Kann ich das? Wie lange dauert es, bis ich wieder alles gelernt habe? Ich habe zehn Jahre im alten Job bis zum Senior gebracht – wie wird es nun im neuen Gebiet sein?" Einzeln gesehen haben wir hohen Respekt vor einem Wechsel der Kernkompetenzen, wenn man den von uns verlangt. Andere Kernkompetenzen wie „Managen" oder „Verkaufen" sind für viele von uns gar nie erreichbar, so wie ich nie tanzen lernen werde. Ich staune, mit welcher Nonchalance Executives an die Mitarbeiter appellieren, die Firma von Grund auf zu erneuern. „Hey, kann denn das Erwerben neuer Kernkompetenzen so schnell gehen?" Und Sie antworten schneidig lächelnd: „Es muss gehen. Es geht ums Überleben." Aha. SABTA. Sicheres Auftreten bei totaler Ahnungslosigkeit. Diese Kernkompetenz könnte bleiben.

Als ich hier im Spektrum im Jahre 1999 die ersten drei Kolumnen zum Thema „Rundum Business Intelligence" publiziert hatte, schrieb mir der Chefredakteur Hermann Engesser: „Wie lange, meinen Sie, dürfen wir noch auf neue Ideen und Artikel von Ihnen hoffen?" Ich antwortete: „Ich schlage vor, ich schreibe weiter, bis einer von uns beiden müde wird." Und so schrieb ich frisch drauflos, weiter und weiter, Jahr um Jahr. Und Hermann Engesser und ich wurden Freunde. Tja. Und nun – tief durchatmen und hinnehmen: Jetzt sind wir wohl wirklich ein bisschen müde. Hermann Engesser geht in die hochverdiente Altersteilzeit („going private"), und ich bin ja schon im letzten Jahr 65 geworden und auch ein bisschen von Digitalisierungsfrust befallen.

Beta, „bis einer von uns müde wird"

Ich schaue einmal zurück. Diese Kolumne wurde vor 18 Jahren so angekündigt:

„Alpha-Versionen sind Lehrbücher, Gesetze, Produkthochglanzprospekte, Aktienneuemissionsanzeigen, Regierungserklärungen. Dahinter steht das Reale. Hinter den Lehrbüchern die vorlesende Forscherpersönlichkeit, hinter dem Prospekt der Rat des erfahrenen Fachverkäufers. Alpha-Versionen meiden Urteile, Meinungen und Leidenschaftlichkeit. Diese Kolumne ist kompromisslos beta."

Ich wollte immer – so schrieb ich in der Einleitung des ersten Sammelbandes der Kolumnen von 1999 bis 2001 (*Die beta-inside Galaxy*) – mit Geschichten und vielleicht auch merkwürdigen Theorien, mit flammenden Meinungen, chirurgisch-herzlosen und doch auch leidenschaftlichen Urteilen in eine Diskussion mit Ihnen eintreten. Streitbare Nachdenkkolumnen sollten es sein.

Ich habe mich die ganze Zeit über bemüht, das Emotionale stehen zu lassen und es teilweise in Polemik, Satire oder wenigstens demonstrative Respektlosigkeit zu verkleiden.

© Springer-Verlag GmbH Deutschland 2017
G. Dueck, *Im Digitalisierungstornado*,
https://doi.org/10.1007/978-3-662-54879-0_21

Dabei klebe ich in der Regel nicht so sehr an meinen eigenen Meinungen, wie Sie vielleicht annehmen könnten. Ich will vielleicht nur ein bisschen mit Ihnen raufen. Anpieksen! Provozieren!

Raufen? Dazu sind Sie wohl immer weniger aufgelegt. Ich bekam früher doch so einige (nie wirklich viele) Leserbriefe von Ihnen, aber in den letzten Jahren sind Sie doch ein bisschen mehr verstummt als ich es selbst gut gefunden habe. Gehöre ich nun schon zum Alteisen-Inventar? Motto: „Na, da regt sich der Dueck wieder auf … ?" So ganz ohne Feedback fühlt man sich eigentlich in der heutigen Online-Welt etwas unwohl, zum Beispiel gibt es auf meine Homepage-Blog-Artikel hin und bei Facebook immer lebhafte Diskussionen, die oft sogar zum Thema passen. Direktfeedback macht mehr Freude beim Schreiben! Beim Informatik-Spektrum wird mir eigentlich nur ab und an halb geheimnisvoll angedeutet, dass manche Leser mit dem Austritt aus der GI drohen, wenn ich wieder einmal zu frech war, dass aber viel mehr zum Glück andersherum extrem urteilen … Und es gibt noch einen anderen Punkt: Bei den Printjournalen muss man die Artikel Wochen und Monate vor dem Erscheinen abgeben. Wenn ich dann einen Leserbrief bekäme, müsste ich nachdenken, worüber ich damals wohl schrieb.

Es ist dann kaum noch möglich, toptagesaktuell zu bleiben. Zum Beispiel musste ich das Buchskript für mein letztes Buch *Flachsinn* genau an dem Tag im November 2016 abliefern, als Trump zum US-Präsidenten gewählt wurde. Da hätte ich mit einem Verschieben (geht ja nicht – ist fest im Prospekt angekündigt) ganz neue Gewürze beim Schreiben verwenden können … Hilfe! Das Wort Fake-News gab es damals noch nicht! Es gab noch keine alternativen Fakten – ja und das Wort des Jahres, „postfaktisch", wurde erst richtig bekannt, als man es dazu ernannte. Wegen dieser systembedingten Verzögerung habe ich mich alle Zeit zurückhalten müssen. Ich fühlte mich gezwungen, „zeitlos" zu schreiben. Das ist vielleicht auch gut gelungen, finde ich. Und es ist ja auch nicht schlecht, eigentlich gut so. Denn ich sehe gerade etwas wehmütig zu diesem Abschiedsbrief an Sie die Sammelbände der Kolumnen durch. Der zweite Band *Dueck's Panopticon* ist sehr dick geworden, später folgte *Dueck's Jahrmarkt der Futuristik*, und diese Kolumne wird die Schlussseiten des letzten vierten Bandes bedecken. Er trägt (Stand heute!) den Titel *Im Digitalisierungstornado*.

Danach, da bin ich sicher, gibt es andere neue Kolumnen für Sie von neuen wunderbaren Autoren! Und ich habe Arndt Bode versprochen, ab und an doch noch einmal rückfällig zu werden …

Im Digitalisierungstornado

Als gefühlter Prophet ist es fast zum Verzweifeln. Im Zuge meiner jetzigen Rednertätigkeit soll ich praktisch jede Woche bei jeweils anderen Firmen und in anderen Branchen die „Digitalisierung" besprechen, die „jetzt überall mit Macht Einzug hält". Und ich frage mich täglich: Gibt es denn die Digitalisierung nicht schon seit gut 20 Jahren? Ist Amazon nicht schon gerade so alt und Google fast auch? Das Wort Digitalisierung, so fühle ich es in mir, gibt es erst „gebräuchlich" seit Anfang 2016. Bis dahin schien man eher nur über die phantasievollen Startups zu lächeln, aber jetzt kommen sie in großen Scharen und wollen tatsächlich ganze Branchen ausradieren. Man spricht heute von Fintechs, Biotechs, Legaltechs, Insurtechs oder Proptechs – es sind allesamt „Angreifer auf Businessmodelle"! Nun geht es dem Verwaltungspapier an den Kragen, nun wird das Bargeld abgeschafft, Verträge werden in die Blockchain gepackt, Gene werden „editiert" und selbstfahrende Autos können auf der Straße eine weggeworfene Juniortüte von einem hierhin gerollten Stein unterscheiden. Baugenehmigungen müssen bald in 3D vorliegen, Schiffbau erfolgt mit Digital Twins, BIM heißt das neue Schlagwort: Building Information Management.

Ich will damit sagen und ich habe ja schon so viel darüber an dieser Stelle geschrieben: Die Digitalisierung macht jetzt ernst.

Hier im Spektrum würden wir sagen: „Dank Informatik".

Die etablierten Unternehmen werden zunehmend unruhig. Sie verstehen aus einer engen fernen Sichtweise aus dem Business heraus unter IT vielfach alles rund um Mails, Kollaboration, Einkauf, Verwaltung. Oder pauschal: IT ist „Mail, Verwaltungsprozesse & SAP". Nun aber dringt das Digitale in alle Firmenbereiche ein und verlässt in vieler Hinsicht die IT-Abteilungen der Unternehmen. IT wird unternehmenskritisch und verlangt ganz neue Businessmodelle und auch ganz neue Kompetenzen, natürlich in der IT und zunehmend auch in der Wissenschaft.

Das ist lange gesagt worden, es ist bekannt. Es ist nur wenig passiert und es wird sträflich schrecklich verkannt, wie lange es dauert, neue Kompetenzen aufzubauen, bis Exzellenz geliefert werden kann. Und hier liegt irgendwo das Drama versteckt, das sich gerade entwickelt. Der Digitalisierungstornado wirbelt schon, er nähert sich, aber die Blätter an den Bäumen zittern erst nur ein bisschen. Die erste Böe ist dann bestimmt kein Anzeichen zum Aufbruch, sondern schon Ankündigung eines nahenden Todes.

Alle scheinen auf einander zu warten. Das Business denkt, die IT würde die Zukunft planen, aber diese steht unter hartem Kostendruck („die Kosten der IT dürfen einen bestimmten branchenüblichen Prozentsatz vom Umsatz nicht überschreiten, das haben wir uns kollektiv so äh äh – das ist eben so – weil."). Wenn es wirklich entscheidend Neues gibt, soll die IT einfach noch ein „Projekt dazu" schultern, sie kostet ja eh zu viel. Da fühlt sich die IT ganz missverstanden und verlangt ein bisschen entrüstet über die neue Zumutung für jeden neuen Handschlag oder jedes neue Projekt ein stattliches Mehrbudget. Das Business versteht sie nicht, wieder nicht. „Wozu haben wir euch denn? Ihr seid doch ohnehin zu teuer!" Das Business weiß zudem oft nicht, welche Möglichkeiten mit neuer IT bestehen, es fürchtet auch, dass der neuartige Einsatz der IT dem alten Business einigen Umsatz wegnimmt (bei Banken) oder zu viel verändert. Die IT wartet zu sehr auf Wünsche vom Business, die aber aus dem hektischen Tagesgeschäft heraus nicht kommen. So arbeiten sie alle einfach im Trott weiter. Etwas Neues ergibt sich nicht. Beiderseitiges Brainstorming führt dann eher zu Minieinsparungen auf der jeweiligen Seite.

Dazu kommt, dass besonders in Unternehmen mit einer schon lange und groß gewachsenen IT-Landschaft die alten Datenautobahnen den Verkehr nicht mehr bewältigen können! Die Brücken sind zu klein und müssen mit neuen Technologien ganz neu gebaut werden.

„Die IT ist marode" sagt man, es steht eine Neo-Digitalisierung an, die besonders alle diejenigen Unternehmen trifft, die schon lange auf IT setzen und Jahrzehnte lang Erfahrung haben. „Ja, Erfahrung schon, aber mit COBOL." Das hilft nichts gegen den Tornado.

Die Wissenschaft scheint im Elfenbeinturm zu warten, bis ihr neue Probleme gestellt werden, manchmal geht sie auch zaghaft hinaus, wenn sie draußen Drittmittel wildwachsen sieht und die sich abernten lassen. Die wirklich großen Entwürfe können doch wohl nicht Drittmitteln entwachsen? Das Aufbauen von XYZ-Techs ist der Wissenschaft wahrscheinlich nicht wissenschaftlich genug. Wenn sie „Techs" ausgründet, geht es oft um die Verwertung der Wissenschaft in einem ganz engen Sinne, auch um diese und ihre Urheber posthum zu rechtfertigen oder besser zu feiern, es geht nicht wirklich um Großes. Der Wissenschaft geht es um Fortschritte, so zäh die nur sein mögen. Aber das Business braucht großartige Resultate. Jetzt. Wenn daher das Business die Wissenschaft etwas fragt, muss die Antwort sofort her, nicht nach der Fertigstellung einer damit vergebenen Promotion (deren Ergebnisse heute sehr oft schon gleich ins Museum kommen). Der Digitalisierungstornado überschüttet uns doch jetzt mit Fragen aller Art. Er erzwingt geradezu neue Lösungen, auch wissenschaftliche! Aber eben nicht eine sich langsam entwickelnde Mathematik vom Fahren in Kolonnen, sondern einen fertigen autonomen Verkehr.

Alle wichtigen neuen Unternehmen dieser Zeit sind unter großdenkendem Unternehmungsgeist entstanden, etwas Wichtiges in die Welt zu setzen: SAP, Zalando, Tesla, SpaceX, Uber, Amazon, Google, Facebook – na, die kennen Sie ja, es werden immer dieselben genannt. Dieser Geist fehlt in der Breite so sehr!

Die fundamentale Begeisterung ist in Deutschland nicht arg groß, niemand will schneidig vorangehen, und die Politik kennt sich nicht aus. Sogar die Piraten führen endlose Detaildiskussionen, die SPD will am liebsten nur soziale Entrepreneure fördern, die Grünen nur achtsame und nachhaltige, die Wissenschaft wissenschaftlich interessante, am besten so, dass Problem und Lösung gleichzeitig in eines der klassischen Forschungsgebiete fallen. Daher fallen Fördermittel und folglich Innovationspreise meist in Gebiete, die möglichst vielen vertraut sind. „Das ist sozial und mildtätig, das sehen wir gern!"

Revolutionen? Nein. „Innovation? Ja, aber nur, wenn sie in den Kram passt!" Ich will sagen: Alle sind an der Digitalisierung dran, aber leider nur auf ihrem Territorium und innerhalb der gewohnten Denkgewohnheiten. Da aber ist nicht das Problem!

Digitalisierung bricht über die Welt herein! Schauen Sie doch hin! Ich stelle mir vor, dass Extraterrestrische landen und die Deutschen das alles im Fernsehen übertragen bekommen. Und dann bewacht jeder sorgsam sein Grundstück, damit ihm die Außerirdischen ja nicht über den Jägerzaun springen.

Wo bleibt der intellektuelle Diskurs?

Gibt es noch die früher so genannten Intellektuellen, die einen groß angelegten digitalgesellschaftlichen Diskurs führen könnten? Gibt es den Willen dazu? Wo sind die Geisteswissenschaftler, die die gesellschaftlichen Entwicklungen kritisch verbessern und in gesunde Bahnen lenken?

Das Fernsehen übt sich in geheimnisvollen Gefahrandeutungen über Algorithmen. Algorithmen! Das ist auch so ein neues Zauberwort wie Digitalisierung. Programme kennen wir ja alle, das sind für die meisten komplizierte Spaghettikodierungen, die Bits & Bytes hin und herschieben und Vorgänge erledigen. Algorithmen aber atmen Intelligenz im Namen, sie sind irgendwie überschlau und lassen Menschen alt aussehen, die geringere natürliche Intelligenz haben als die jetzt mit Algorithmen mögliche künstliche. Das ist generell gesehen schon einmal sehr schlecht und mindestens bedrohlich.

So langsam sind nun die Begriffe „Web-Anwendung" und „Programm" als „App" und „Algorithmus" in der öffentlichen Wahrnehmung angekommen. Die öffentlichen Diskussionen werden von Leuten in den Medien angeführt, die nicht selbst programmieren lernten und Mathematik hassten, als sie mit ihr in Berührung kommen mussten. Die Geisteswissenschaftler scheinen als Gesamtblock von Netz-Phobien befallen und verschanzen sich hinter der Furcht vor der digitalen Demenz, entwickeln aber dadurch eine digitale Impotenz.

Retro ist angesagt! Nicht mehr einfach nur Smartphone-Verbote, nein. Wir kaufen jetzt wieder Nokia-Remakes mit Tasten und sammeln Vinyl-Platten, deren Knistern wir so sehr lieben – das haben wir genau erkannt (wir sind irrtümlich zu CDs gewechselt, weil die nicht knistern – man hat uns getäuscht). Natürlich gibt es Algorithmen, die nach Wunsch wundervolle Musikaufnahmen nachknistern oder re-knistern, aber es geht eben um „Rückkehr zur Natur" und Paleo-Ernährung.

Sollte die Gesellschaft für Informatik einen solchen digitalen Diskurs anstoßen? Mit vielen/allen gesellschaftlichen Kräften? Hat sie dazu Lust? Die Informatiker leiden wie auch die Mathematiker unter der mangenden öffentlichen Liebe zum Fach. Die Gesellschaft fremdelt mit Mathematik, aber sie achtet immerhin ihre Mathematiker. Sie beargwöhnt die immer lebensdurchdringendere Informatik, die sie techniklastig findet und die sie heute verdächtigt, etwas mit „den Daten anzustellen". Gerade gestern fragte mich eine sehr bekannte Moderatorin auf der Bühne, ob mir denn die kommende Welt gefallen könne, in der es keine Gefühle und Emotionen mehr gäbe. Ich war ganz überrascht, das sah man mir wohl an. Sie setzte fort: „Na, ich meine, die Algorithmen sind doch kalt…" Ich denke heute beim Schreiben, dass die Welt des Netzes doch irre laut und emotional geworden ist und manchmal kalte Algorithmen vielleicht besser wären als per Twitter arbeitende Aufpeitschpolitiker.

Lassen wir doch einmal die Interessen der Informatik weg. Ja, sie sollte mehr Aufmerksamkeit erfahren und ja, Informatik sollte ein Schulfach sein. Das sind die Wünsche, die gleich ein paar Meter vor unserer Tür liegen. Aber wir müssen doch einen breiteren Diskurs führen! Wir sagen und wissen alle, dass sich dank Informatik die Welt ganz maßgeblich verändern lässt, aber wir müssen mitreden, welche Welt dabei herauskommt. Informatik bringt strahlenden Segen und neue schwere Waffen und Widrigkeiten. Die Älteren unter uns wurden unter Leitmotiven wie „Ist die Atomkraft Fluch oder Segen?" zu Ethikfragen erzogen, die in der jeweiligen Zeit schwer zu beantworten sind. Wir machten uns die Gedanken von Robert Oppenheimer, dem Vater der Atombombe, der Jahre danach Zitate wie dieses aus der hinduistischen heiligsten Schrift Bhagavad Gita in sich wirken fühlte: „Wenn das Licht von tausend Sonnen/am Himmel plötzlich bräch' hervor/das wäre gleich dem Glanze dieses Herrlichen, und ich bin der Tod geworden, Zertrümmerer der Welten."

Jetzt stehen wir wieder im Wandel, aber wir bestaunen ihn mehr als dass wir ihn aktiv gestalten. Google, Uber oder Amazon „geschehen uns", meist „gern". Wir sehen am Horizont den digitalen Krieg, das Editieren von Genen per Informatik und das schwere Erfordernis von fast nur hochqualifizierten Menschen für die Arbeit und die relative Nutzlosigkeit aller anderen …

Wir müssen reden. Über das Ganze. Wir alle. Wir alle mit den anderen, die hier nicht sind. Da geh ich jetzt hin, für die letzten paar Jahre, die ich noch habe.

Können Sie mir folgen?

Natürlich können Sie das, auf Twitter, Homepage, Facebook & Co. Wir sehen uns! Wir bleiben zusammen! Danke für 18 Jahre stille Freundschaft. Dank an alle, die mir öfter Impulse schickten. Und – lieber Hermann – es war eine schöne Zeit.